中国国家自然科学基金重点项目"城市宜居环境风景园林小气候适应性设计理论和方法研究"（51338007）
"城市绿地生态服务功能价值优化评估的关键驱动机制研究"（51208467）国家自然科学基金青年基金项目
教育部人文社会科学研究规划基金项目"城市雨水花园绩效评价体系构建与实证研究"（18YJAZH103）
浙江省自然科学基金项目"西湖风景园林带夏季小气候机理与感应评价研究"（LY20E080025）
浙江省教育厅一般科研项目"校园户外空间小气候适应性研究"（Y201941786）
浙江工业大学人文社科后期资助项目"风景园林物理环境与感受评价研究"

风景园林物理环境与感受评价

Physical Environment and Feeling Evaluation of Landscape Architecture

梅 歆 武文婷 著

中国建筑工业出版社

图书在版编目（CIP）数据

风景园林物理环境与感受评价 = Physical
Environment and Feeling Evaluation of Landscape
Architecture / 梅欹，武文婷著 . — 北京：中国建筑
工业出版社，2022.10
ISBN 978-7-112-27386-7

Ⅰ.①风…　Ⅱ.①梅…②武…　Ⅲ.①园林—物理环
境—研究　Ⅳ.① TU986

中国版本图书馆 CIP 数据核字（2022）第 082453 号

责任编辑：何　楠　刘　静
责任校对：张　颖

风景园林物理环境与感受评价
Physical Environment and Feeling Evaluation of Landscape Architecture
梅　欹　武文婷　著

＊

中国建筑工业出版社出版、发行（北京海淀三里河路9号）
各地新华书店、建筑书店经销
北京雅盈中佳图文设计公司制版
北京建筑工业印刷厂印刷

＊

开本：787 毫米 ×1092 毫米　1/16　印张：$11\frac{1}{2}$　字数：250 千字
2022 年 8 月第一版　2022 年 8 月第一次印刷
定价：**55.00** 元
ISBN 978-7-112-27386-7
（39550）

前　言

近半世纪，全球气候正在经历一场巨变，城市公共空间的物理环境，尤其是气候环境的极端化倾向已引起专家学者、设计师、政府部门、广大民众的广泛关注。气候环境剧变不仅打破了人们正常的生产生活状态，也间接扭曲了人对气候环境的感受和评价。风景园林学作为与生态环境密切相关的人居环境学科，有责任和义务担负起调节和改善气候环境的重任。本研究立足风景园林学，聚焦城市风景园林空间物理环境，特别是气候环境，为提高城市生态环境和人类生活质量，深入探讨城市风景园林近人空间的使用者感受评价。

10 年前，国内面向城市气候的研究多围绕建筑学、城市规划学、环境学、气象学、生态学等学科，讨论大中尺度下的建筑、街道、广场、公园等城市公共空间。但对于短时间户外活动的人群而言，宏观与中观尺度的气候研究模式显然无法直接套用于微观尺度的日常休憩环境。基于这个考虑，本研究将关键词定为"小气候"，即"微小空间 + 气候环境"，在近人尺度的微小空间范围内讨论气候对人体感受与行为活动的影响。

为根据季节变化提出风景园林小气候适宜性设计策略，实现理论成果对工程实践的有效指导，笔者选取沪杭地区的住区风景园林空间，结合城市公共风景园林空间作为研究场地，三位一体地讨论城市风景园林空间的小气候环境、使用者身心感受与使用者行为活动，主客观结合地推进研究工作。

研究运用环境心理学和三元理论，结合层次论，尝试性地提出风景园林小气候环境感受评价理论，并在此基础上，确立了风景园林小气候环境的评价体系、评价指标、评价方法、评价模型和应用策略。实测实验是本书使用的主要研究方法，由小气候环境实测实验、生理感受实测实验、心理感受实测实验、行为活动实测实验共同组成的主体实验，层层剖析了各季节使用者因小气候变化产生的感受与反应评价。研究最终依据综合实验分析，归纳风景园林空间小气候季节适宜性设计策略，实现研究目的。

研究的主要成果如下所述：

一、在理论研究阶段，笔者将小气候环境细化为热环境、风环境和湿环境 3 类子项，涉及包括太阳辐射、空气温度、阵风风速和空气相对湿度等 4 大关键气象指标，继而分季节对实验基地内风景园林空间的小气候环境进行连续 72 小时的实地实测。基于实测结果，使用相关性分析，在小气候日变化和季节变化过程中寻找规律，指出影响各季小气候环境的关键气象指标与内在机制，为小气候环境分析提供相关研究思路和方法。

二、在小气候环境数据测定基础上，结合计算机模型计算和实地生理反应监测两种方法，交叉验证住区各类风景园林空间中人体的季节性感受差异，发现各季节引发使用者产生最佳生理感受的小气候因子变化范围。研究发现沪杭地区最佳体感的小气候环境因子变化范围分别为：空气温度 18~25℃，相对湿度 66%~85%，连续阵风风速约 1.0m/s。

三、通过主观问卷调查方法，计算城市人群在户外活动中感知的中性生理等效温度，分析小气候环境对使用者的空间选择和感受偏好的影响，证明小气候对人体舒适感受的影响直接关系人群对活动空间的选择结果，由此指出小气候适宜性设计的重要性。研究发现，实验期间，沪杭风景园林空间全年中性温度为 24.45℃，夏季中性温度 27.25℃，冬季中性温度 6.24℃。

四、运用非参与式观测，对住区各风景园林空间的活动人群进行到访量、人口属性、活动时段与时长等分类比较。各项比较结果与小气候环境的季节性特征对比得出城市人群对小气候因子的可接受范围和偏好选择，即小气候环境适应性阈值与适宜性阈值。实验结果发现，相比于夏季，沪杭冬季的小气候适宜性设计更应得到设计师与居民的重视。

五、最后通过对城市典型高密度住区风景园林空间地形与朝向、铺装材质与颜色、构筑物、植被、水体等景观元素的总体把控，分季节阐述小气候适宜性设计策略，并针对设计策略中的季节性冲突，提出相应的调和方法。

研究的创新点包括：构建了风景园林物理环境感受评价理论，梳理了风景园林空间中小气候环境的季节变化特征，发现了住区风景园林空间热中性温度和沪杭民众对各气象因子的可接受范围，并提出了风景园林空间小气候季节适宜性设计策略。

希望本书内容可为相似城市的风景园林空间小气候环境适宜性设计提供研究理论、思路与方法。

目　录

第 1 章

概　述

1.1　研究背景

近年来全球过冷或过热等极端且难以预判的气象异变频现，比世纪之交时专家提出的预测更复杂而剧烈 [1-3]。大量观测资料显示，这场全球气候剧变已对人类和生态环境造成了严重甚至不可逆转的影响。世界银行《2010 年世界发展报告》（World Development Report, 2010） [4] 明确指出公元 2000 年后全球二氧化碳排放量已直线骤升，气温也呈同样趋势上涨。根据联合国政府间气候变化专门委员会（IPCC）2011 年的报告，21 世纪，热浪和暴雨将更加频繁严重，到 21 世纪末，目前 20 年一遇的极热天气出现频率在更多的国家和地区将变为 2 年一遇 [5]。

在全球和区域气候背景下，深入研究城市建成环境与气候的关系，有限度地通过调节局部环境气候，以小带大，从下至上，最终带动系统环境整体增效，是势在必行的举措。

1.1.1　环境问题的全球应对

为了应对全球气候变化，各国的决策者和规划者进行了积极思考，并纷纷提出应对方案。众多国际权威机构为"气候变化"问题提供了有力的研究报告 [6]。2009 年的联合国气候变化会议哥本哈根高峰论坛，号召各国为低碳减排重新制定目标，与会国一致认为人类不是气候的主宰者，而是依存者，人与气候的关系是主动的，也是友好的。为控制全球碳排放总量，《2010 年世界发展报告》提出在 2100 年前将全球气温上升控制在 2℃之内的目标（图 1.1） [7]。2014 年的联合国政府间气候变化专门委员会的第五次评估报告的《综合报告》 [8]，列出了应对气候变化的详细措施，并明确提出要"坚持城市内的可持续发展，通过改变人类行为习惯，改善城市微尺度气候和热岛效应，在城市化进程中维护可持续居住地"。2016 年 4 月，170 多个国家领导人共同签署了《巴黎协定》，承诺将全球气温升高幅度控制

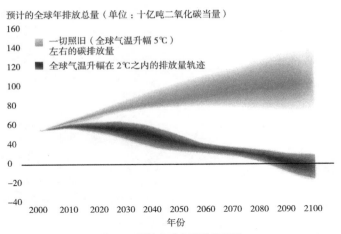

图 1.1 预计全球年碳排放总量
来源：能源建模论坛 Energy Modeling Forum

在 2℃范围之内，并努力将温度上升幅度限制在 1.5℃以内。2021 年 11 月，第 26 届联合国气候变化大会近 200 个缔约国为共同达成《巴黎协定》做出充分努力。一系列举措都意味着目前全球城市发展进程中现行的手段和形式都应该得到重新思考[9-11]。

作为发展中国家的典型代表，中国发展模式一直备受关注。几十年的快速城市化进程带来了大量建设需求，人口增多和城市扩张导致城市下垫面大幅变动，频繁引发热岛效应加剧、自然光照时数缩短、空气风向风速转变、通风状况不良、干湿变化异常、空气污浊严重等问题。为调和城市发展和环境恶化的矛盾，2012 年党的十八大之后，"美丽中国"的建设；"可持续发展""节能低碳""绿色生态"的理念；生态的修复、改善和保护等一系列政策理念正从政策法规、体制机制、规划统筹、标准规范、建设管理等方面得到全面推进。在深化生态文明体制改革的重要决策和发展中，针对城市高密度人居环境，国家发展改革委、住房城乡建设部会同有关部门共同在 2016 年 2 月 4 日发布了《城市适应气候变化行动方案》[12]，强调维护城市安全宜居、努力创建气候适应型城市、全面提升城市适应气候变化能力、积极推动人与自然和谐发展新格局。党的十九大将"坚持人与自然和谐共生"写入新时代中国特色社会主义思想和基本方略，明确提出建设生态文明是中华民族永续发展的千年大计，在下一个五年计划中倡导为人民创造良好生产生活环境，为全球生态安全作出贡献[13]。

1.1.2 风景园林面临的问题

2021 年中国全面建成小康社会，人民生活水平得到稳步提高，城市建设也跨入新的发展阶段。随之而来的城市居民户外活动需求持续增长，日常出行、社会交往、旅游休闲活动日益增多，活动空间的环境质量受到广泛关注的现象也愈加明显。各类城市户外公共空间，如广场、街道、公园、滨河景观带和住区等的建设规模、数量、形式不断增加且呈多样化表现。如何通过有效的规划设计手段来缓和、调节、转变环境生态，达到进一步提升城市环境品质与人民生活水平的目的，已成为新城市化进程中刻不容缓的任务与课题。无论从国内外、学科、尺度还是研究方法的对比结果看，风景园林学科都是这项任务的主要承担者。

（1）国内外对比。自 20 世纪三四十年代至今，国外各类空间尺度与特征的气候环境及热舒适研究已有了大量模拟和实践验证，得到了持续长足的发展。我国关于气象数据的研究始于 20 世纪 50 年代，80 年代开始逐渐形成较为系统的分析和统计成果。《建筑气候区划分标准》作为行业内的气候参数标准，整编了 1985 年前全国 203 个气象站的资料。但不足之处在于该标准仅限于对气象数据整合，而各地区气候适宜性的实际生活运用则缺少详尽适用的理论与实证方法。

（2）各学科对比。气象学、环境工程学、生态学、建筑学、城乡规划学界等均存在大量气候研究成果，但本着以人为本、为人服务原则，探寻城市微小空间气候环境运行机制和原理的基础性研究仍不属主流。风景园林学科正可以弥补这一缺憾。风景园林学科虽然成立时期较晚，但从古至今的园林规划设计师始终在工作中实践着气候适宜性设计，这些实践经验的传承使风景园林学科对气候环境研究具有天然的优势。现代风景园林规划设计师承袭了该优势，以城市空间为载体，致力于提高户外空间的使用价值和使用率[14-15]，大力倡导健康可持续的生活模式，创建绿色生态文明，符合城市建设的当前需求。

（3）各尺度对比。城市气候研究多集中在大尺度和中尺度范围，但人类体表对外界的热感知主要来自所处微小空间尺度的气候环境。因此，"局部空间 + 近人尺度"的研究模式极具实用价值和研究意义，理应得到足够重视。

（4）各方法对比。人体舒适度研究中广泛使用的传统热舒适模型与指标多基于单一的人体热平衡计算模式，但人在户外环境中的感受必须经历综合复杂的过程，是结合生理和心理感知的完整时空体验。依靠单一模型或指标完成的研究，缺乏对人类感知综合有效的测量，无法正确评价使用人群对城市问题的各种反应，多方法多模型的综合模式才是解决问题的必要途径。

1.2　概念讨论

本书讨论的风景园林小气候感受研究，包括小气候环境、风景园林小气候环境感受与住区风景园林空间 3 大概念。

1.2.1　小气候环境

对小气候环境概念的界定，可从以下几个层面来明确。

1.2.1.1　环境、物理环境和小气候环境

环境是相对某个中心事物而存在的概念，是指围绕某个物体，并对该物体的"行为"产生影响的外界事物。人居环境分为社会环境和自然环境。社会环境是由个体和个体交互作用组成的社会性事物，是人们所在的社会经济基础和上层建筑的总称，包括社会的经济发展水平、生产关系及相应的政治、宗教、文化、教育、法律、艺术、哲学等。自然环境可以对人产生直接或间接影响。直接影响是自然环境作用于感觉器官而引起的特定认知、情感、态度，决定了人对环境的适应方式；间接影响是自然环境通过社会环境对个体的心理和行为产生的影响。自然环境又分显性环境和隐性环境。显性环境指环境中可见的几何空间，包括空间的形态、规模、数量、颜色、材质等视觉因素；隐性环境指环境中的潜在环境，即自然环境的物理性能，是由环境中的声音、温度、气味和照明等非视觉部分所构成的环境。

物理环境中的各类物质在运动过程中不断产生能量交换和转化，这类物质运动的形式包括机械运动、分子热运动、电磁运动等。研究物理环境的环境物理学是环境科学和物理学发展到一定阶段的交叉产物。环境物理学从物理学角度探讨环境质量的变化规律，注重物理现象的定量研究，是涵盖环境声学、环境光学、环境热学、环境电磁学、核环境学等分支的学科[16]。它聚焦物理环境与人类的相互作用，运用物理学理论和方法，调查声、光、热、电磁场和放射线等物理因素对环境和人体健康的影响和评价，还研究消除这些影响的技术措施和管理方法，探讨如何创造适宜人们工作和生活的物理环境[17]。人是恒温动物，需要依靠外界物质保持自身能量平衡。人维持正常的生理、心理功能以及能够有效从事各种活动的能力都受到所处环境物理因素的刺激和影响。物理环境是人们生存环境的重要组成部分。由于人体对于空间环境刺激的调节机能有一定的限度，因此要设法控制和调整空间物理环境的刺激量，使环境的刺激量处于最佳范围[18]，从而使人体内部产生的热量和向环境散失的热量在外界的刺激下保持平衡。

本书主要关注物理环境中的气候环境，即环境物理学中的环境热学分支。环境热学讲述人类生存环境中的热环境，包括人类活动对热环境的影响、城市热岛效应、热污染的控制技术和全球气候变化的应对策略等。热环境的空间范围可分为宏观的全球环境、中观的区域环境、微观的局地环境。笔者根据研究需要，将空间范围定位在微观尺度，将热环境明确表述为小气候环境。

1.2.1.2　小气候的时空定义

区别于气象学对微小气候的界定，笔者结合古今中外对气候的定义，将小气候环境分为时间和空间两大维度进行阐述。

世界气象组织（World Meteorological Organization，WMO）规定，通过气象参数统计分析

确定一个地区的气候特征的最短统计时段为 30 年。古汉语认为"气候"一词来源于"二十四节气七十二候"。气候和季节，与一年之中的自然环境变化相对应。《礼记月令注》[19] 有"昔周公作时制，定二十四气，分七十二候，则气候之起"的记载，《素问·六节藏象论》[20] 中提到"五日谓之候，三候谓之气，六气谓之时，四时谓之岁"，明确量化了气候的时间长度。

在时间维度之外小气候也存在空间维度的限定。空间限定分为垂直和水平两个方向。城市建筑学定义的微气候（小气候）是指离地 30~120cm 高度范围内，在建筑物周围地面上及屋面、墙面、窗台等特定地点的风、阳光、辐射、气温与湿度条件[21]。罗伯特·布朗（Robert D. Brown）在《风景园林小气候设计》（*Microclimatic Landscape Design*）一书中指出，城市小气候是小型户外空间里的阳光和地面辐射、风、空气温度、湿度和降水的情况[22]。兰斯伯里（Landsburg，1947）定义的小气候空间范围主要为地面边界层部分，其温度和湿度受地面植被、土壤和地形影响[23]。扬·盖尔（Jan Gehl）则认为小气候应关注建筑物、树、道路、街道、庭院、花园等独立景观设计元素对气候的影响（水平延伸距离＜100m）[24]。任超和吴恩融[25]也曾对各种尺度气候的衡量范围作出限定，用明确的水平和垂直尺度划分了小气候、局地气候、中气候和大气候（表 1.1）[25]。

气候的水平尺度和垂直尺度（单位：m） 表 1.1

气候名称	水平尺度	垂直尺度
小气候	$10^{-2} \sim 10^{2}$	$10^{-2} \sim 10^{1}$
局地气候	$10^{2} \sim 10^{4}$	$10^{-1} \sim 10^{3}$
中气候	$10^{3} \sim 2 \times 10^{5}$	$100 \sim 6 \times 10^{3}$
大气候	$2 \times 10^{5} \sim 2 \times 10^{7}$	$100 \sim 6 \times 10^{5}$

来源：任超，吴恩融. 城市环境气候图——可持续城市规划辅助信息系统工具 [M]. 北京：中国建筑工业出版社，2012

人类在户外的活动不但受到物理环境影响，同时也受到社会环境影响。小气候与个体的行为活动是户外感受不可忽视的影响因素。笔者借用风景园林空间划分标准，把人类能直接接收到物理环境信息的空间范围作为小气候研究的空间范围。根据风景园林对空间、场所、领域的划分门槛[26]：20~25m 见方是让人感觉亲切的空间自由交往范围、110m 内是能辨认人的大致轮廓和行为的场所范围、390m 左右是深远宏伟的领域范围，笔者将研究范围定在 25m²。该范围可清晰观察个体的表情、动作、外貌，保证空间内活动人群同时感知相同的小气候环境。

1.2.1.3 小气候环境的要素组成

对小气候要素的分类涉及太阳辐射、空气温度、风向风速、空气湿度、植被、建筑遮阳等。罗伯特·布朗将小气候分解为太阳辐射、地表辐射、风、气温、湿度五要素[22]。朱颖心[27]、

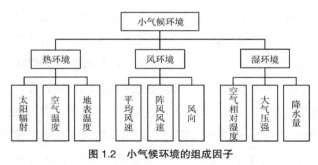

图 1.2　小气候环境的组成因子

宋德萱[28]、钟阳各[29]等在城市气象学角度对各类尺度的气候及其组成因子也有详细的分类介绍。

与以上诸位学者不同的是，笔者将小气候环境分为热环境、风环境、湿环境三大环境，包含太阳辐射、空气温度、地表温度、平均风速、阵风风速、风向、相对湿度、大气压强、降水量等小气候因子。小气候因子与热、风、湿环境的对应关系分别为：热环境包含太阳辐射、空气温度和地表温度因子；风环境包含平均风速、阵风风速和风向因子；湿环境包含空气相对湿度、大气压强和降水量因子（图 1.2）。

1.2.2　风景园林小气候环境感受

城市空间研究以人的活动为出发点，包含两个对象：人本身和人的行为活动。每个人对空间都有基本使用要求，只有对空间环境感到舒适时，人才会主动使用空间。人对空间的使用过程，即视为行为活动。本书对人类活动的研究重点最终导向人在空间活动时对环境的感受。

事实证明，当人体感觉舒适时，人不需要通过任何方式来调节或改变即时状态；当感觉不舒适时，人就会通过生理、心理、行为的反馈与环境产生多种交互，使自己逐渐恢复到舒适或可承受的状态。这种反馈途径分别有生理调节，如出汗、冷颤等反应；心理调节，如改变对环境的热期待；行为调节，如变换所处的空间位置等[30]。

本书关注由气候要素和风景园林空间结构形态共同构成的综合感受，因而将小气候感受定义为：人在风景园林空间中，对小气候环境产生的，包含生理、心理和行为活动的综合感受与反应。

1.2.3　住区风景园林空间

小气候存在于人类活动的每一处角落，创建适宜性的小气候环境与人类福祉息息相关。小气候环境感受直接影响使用者对该空间的使用形式和使用频次。

风景园林学科研究小气候要素及其对空间环境影响的文献大都将关注点落在城市公共开敞空间[31-33]、公园[34-35]、街道[36-40]的舒适度调查。但对居住区，尤其是住区内的风景园林空间研究数量相对较少。有统计结果认为，住区风景园林空间是城市人群日常活动的重要场所之一，每人每天平均有 1/3~2/3 的时间在住区中度过。住区风景园林环境的优化，可以有效提升个人和群体的生活品质、幸福指数和健康度。本研究选取冬冷夏热的沪杭地区作为空间对象，并遴选沪杭典型的人居环境风景园林空间[41]作为实验基地。

1.3 国内外研究现状

人对环境的感知受到周围特定的小气候环境和个人生理、心理、行为活动的综合作用[42]。笔者以此为依据，展开国内外对小气候感受已有研究的归总。

1.3.1 小气候环境

致力于提高人类居住环境质量的小气候研究，已从 20 世纪初的定性研究步入科学量化研究阶段[43]。研究模式从经验模型转向机理模型；评定方法从单要素（主要是热环境）的专向研究发展为多要素、多层次的综合考量评定；实验方式也从实验室的理想环境测试拓展到户外场所的实时实地测量和各类计算机软件情景模拟。

微小空间的气候条件和风景园林空间元素共同创造出小气候环境。风景园林设计师可以结合场地具体使用功能和空间特色，通过设计手法调节空间内的小气候热环境、风环境和湿环境状况，创造舒适的小气候环境[34]。

1.3.1.1 热环境

风景园林热环境研究围绕地形、植被、水体、铺装、建筑物和人类活动等影响热量分布的元素展开。热量来源主要有太阳辐射和空气温度。

20 世纪中叶以来，热环境一直是城市气候环境最主要的研究对象。大量研究通过实测或模拟的方法，探究环境中太阳辐射和空气温度的物理特征。21 世纪初，对欧洲将近 1 万人的重新发现城市领域和开放空间（RUROS）问卷和实测研究得出，空气温度和太阳辐射是决定热环境的主要因素[44]。国内方面，李晓锋[45]系统地研究了住宅小区小气候的模拟方法，在保证计算精度、缩短计算时间方面做了许多改进，并建立了一套层次化的模拟体系。他在另一个研究中发现围合式住宅小区中的温度分布非常均匀，太阳辐射和建筑外表面以及下垫面间的长波辐射才是导致小区不同位置存在较大物理环境差异的主要因素[46]。类似的研究还对住区内太阳辐射和建筑外表面温度变化关系作出了解释[47]。除此之外，也有通过当地气象站数据和各测点之间的对比，分析住区小气候影响因素[48]；从小区地面居民活动高度分析空气温度、空气相对湿度、风速、光照度与楼顶大气边界层差异[49]等的研究。大部分研究均认为热环境是影响气候环境的主要原因。

1.3.1.2 风环境

风环境包括空间内的风量、风向和风速（包含平均风速和阵风风速），是小气候环境中变化幅度最大、最复杂的一类，具有多变、难捕捉和不可预知的特点[50]。城市风场的分布情况与局地空间形态关联密切，场内热能分布变化导致的温差、气压差会对局地风场造成显著影响。住区内单体的风景园林空间尺度普遍较小，内部的空气流动多以阵风形式出现，无固定持续来风。相邻的风景园林空间因为空间结构不同，要素组合差异，导致各独立空间的小气候环境差别显著，对人体感受造成的影响也会有明显分别。

城市户外空间对风环境的研究主要集中在城市尺度层面的通风状况和风场的分布特点上。通过分析空间的走向、宽度和与周围建筑之间的关系，利用模拟和实测的方式研究风对周边环境和人的影响[51-55]。风环境的户外研究大多分布在街道和住区空间。吴秉哲（Byoung Chull OH）等着重分析了街道峡谷内通风状况和风环境分布特点[56]。神户大学竹林英树等[52]研究了在城市街区中风环境和街道的方向、宽度以及建筑高度之间的关系。西里奥斯（K. Syrios）等[57]对城市峡谷中的自然通风状况以及周边建筑对城市峡谷中自然通风的影响作了深入分析。胡芙（T. van Hooff）等[58]作了在 8 个不同风向下城市自然通风和建筑室内自然通风的耦合模拟，分析了风向对城市环境的影响以及建筑周边环境对建筑自身环境的影响。陈宏[59]等通过模拟，在主导风向条件不变的情况下，有效改善了住宅区内部的通风状况，降低了住宅区内部的气温。其他众多研究也试图利用实验室风洞模拟或计算机软件模拟风场评估来改善风环境，但遗憾的是实验室内的实验结果大都无法直接用于评估室外效果，在反映公共场所的个人使用状况和主观舒适度感受方面受到一定限制。

1.3.1.3 湿环境

空气相对湿度对施加在人体表面的热负荷没有直接影响，但由于它对空气的蒸发作用，可以影响身体表面排汗的散热效率，因此也可以达到改变人体热舒适度的效果。目前的湿环境研究主要包括空气相对湿度、降雨量、水体和植被等因子。

岳文泽、徐丽华[60]根据 SOPT 5、ETM+ 遥感数据，使用热红外信息处理和 GIS 空间分析方法对城市水域进行了测定分析，发现面状水体较其他水体类型对局地温度具有更明显的缓解作用。纪鹏等[61]实地监测了 7 条不同宽度河流的温湿度，研究城市河流宽度对温湿度的影响。

关于使用绿化改善室外热环境质量，提高行人热舒适[62]，以及不同的绿化体系和组合方式对室外热环境质量及建筑能耗的综合作用[63]已有大量研究。朱学南等[64]提出，即使在冬季，常绿行道树凭借对环境较强的影响力仍能明显降低气温，减弱光照，增加湿度，而落叶行道树种的这种能力大为减弱。高玉福等[65]的测试结果表明在宽度相同、郁闭度相似条件下，内部含河流的城市带状绿地降温增湿效益明显优于纯绿地及内部含相同宽度道路的带状绿地。胡永红等[66]证明了植物群落结构越丰富，降温增湿效果越明显。朱春阳等[67]认为城市园林绿地可以明显发挥温湿效益的关键宽度为 34m 左右（绿化覆盖率约 80%），此时绿地已经表现出较佳的温湿效益；可以显著发挥温湿效益的关键宽度为 42m 左右（绿化覆盖率约 80%）。

1.3.2　生理感受

人类在风景园林小气候空间环境的生理感受，主要有小气候环境调节和人体能量自平衡两类影响源。小气候调节是外部干预，指通过自然或人工元素，如植被、水体、建（构）筑物等影响或部分影响风景园林空间内部的气候变化幅度，控制或改善小气候条件，来改变人体对小气候环境的生理感受。人体能量自平衡是内部调节，人体通过对环境的自适应能力，调节身体机能来适应风景园林空间的小气候状况。下文从人体热舒适与生理机能参数来归纳生理感受研究现状。

1.3.2.1　热舒适

在城市风景园林空间的使用过程中，气温、日照、风速和湿度等小气候因子对使用者的影响无处不在。过去的 20 年，户外热舒适研究一直是小气候研究的重点领域[41]。普遍已知的人体散热的主要途径有：通过皮肤和呼吸与周围空气的对流换热、与周围表面的辐射散热、水分的蒸发散热三类[68]。人体为维持正常的体温，必须使自身的产热量和散热量保持平衡。人类机体也为此进化出相应的温度调节机制，如图 1.3[69] 所示。

笔者列出了近几十年运用较广的、适用于户外风景园林环境的热舒适评价指标和模型，如表 1.2[70] 所示。其中评价模型中涉及的计算因子有相对水平面向上或向下的长波辐射（IR↓、IR↑、in Wm^{-2}）、蒸汽压（e，in hPa）、湿球温度（T_w，℃）、空气温度 T_a、黑球温度 T_g 和 WS 可计算平均辐射温度（T_{mrt}，in℃）、服装热阻值（I_{cl}，n clo）、代谢率（M，in Wm^{-2}）等。

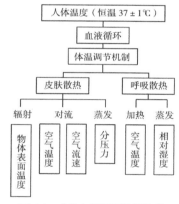

图 1.3　人体与周围环境的换热

<table>
<tr><td colspan="4" align="center">风景园林学适用热舒适指标</td><td align="right">表 1.2</td></tr>
</table>

热指标	英文名称	公式	定义
预测平均投票数[71]	PMV（Predicted Mean Vote）	$[0.303 \cdot \exp(-0.036 \cdot M) + 0.028] \cdot L$	平均空气温度
预测不满意百分数[72]	PPD（Predicted Percentage of Dissatisfied）	$100 - 95 \cdot \exp[-(0.03353 \cdot PMV^4 + 0.2179 \cdot PMV^2)]$	做功强度
PMV–PPD 指标		—	描述评价热环境的国际标准
生理等效温度[73]	PET（Physiological Equivalent Temperature）	从慕尼黑模型 MEMI-model（Minich Energy Balance Model for Individuals）发展而来	给定环境条件下真正的热流量和人体温度，皮肤温度为模拟得出，出汗率、体内温度和皮肤温度的函数
通用热气候指数[74]	UTCI（Universal Thermal Climate Index）	6th order polynomial calculated by T_a, e, T_{mrt}, Ws_{10m}	将人体分为具有热调节功能的主动系统和人体内部传热的被动系统，结构复杂，拟真度高，应用领域广泛

续表

热指标	英文名称	公式	定义
湿球黑球温度指数[75]	WBGT（Wet Bulb Globe Temperature）	$0.7 \cdot T_w + 0.2 \cdot T_{globe} + 0.1 \cdot T_{air}$	综合考虑空气温度、风速、空气湿度和热辐射，广泛应用于估算工业环境的热应力潜能
户外标准有效温度[76]	OUT_SET（Outdoor Standard Effective Temperature）	$OUT\_SET =$（WBGT–11.76）/0.405	通过月平均气温计算
实感温度[77]	AT（Apparent Temparature）	—	研究不同湿度对人体热感受的调节作用。将着衣情况和运动量添加进在不同湿度环境对人体热感受的研究中。多应用于湿热环境
实感投票[78]	ASV（Actual Sensation Vote）	$0.034 \cdot T_{air} + 0.0001 \cdot SR \downarrow - 0.086 \cdot WS - 0.001 \cdot RH - 0.412$	基于对流换热
预计四小时排汗率[79]	P4SR（Predicted Four Hour Sweat Rat）	诺模图估算	基于排汗率，综合空气温度、平均辐射温度、空气湿度、空气流速、新陈代谢率和服装热阻等6个因素
不舒适指数[80-81]	DI（Discomfort Index）	$T_{air} - 0.55 \cdot (1 - 0.01 \cdot RH) \cdot (T_{air} - 14.5)$	夏季湿热的气候环境对人体不舒适程度的影响，热平衡所需的蒸发热损失
热感觉[82]	TS（Thermal Sensation）	$1.7 + 0.1118 \cdot T_{air} + 0.0019 \cdot SR \downarrow - 0.322 \cdot WS - 0.0073 \cdot RH + 0.0054 \cdot GT$	对冷热的实际感觉
热应力指数[83]	HSI（Heat Stress Index）HIS ASHRAE	$(E_{req} / E_{max}) \cdot 100$ Gagge 2–Node model	代谢率；辐射热转换
湿热指数[84]	HU（Humidex），前为Humiture	$T_{air} + 5 \cdot 9^{-1} \cdot (e-10)$	吸收的太阳辐射和大地辐射
酷热指数[85]	HI（Heat Index）	—	由AT转化而来的多元统计回归模型，原用于高温预警，现冷热环境适用
风寒指数[86]	WCI（Wind Chill Index）	$(1.21 \cdot T_{globe} - 0.21 \cdot T_w)/(1 + 0.029) \cdot (T_{globe} - T_w)$, if $I_{cl} = 1$ clo	不同气温和风速条件下发生冻伤的风险情况
主观温度指数[87]	STI（Subjective Temperature Index）	MENEX model	主要基于地表辐射
户外中性温度[88]	Tne（Outdoor neutral temperature）	$3.6 + 0.31 \cdot T_{mm} + \{100 + 0.1 \cdot SR \cdot [1 - 0.52 \cdot (WS 0.2 - 0.88)]\}/11.6 \cdot WS 0.3$	最适合的户外环境温度范围，皮肤的蒸发散热量最低，新陈代谢率最低

　　我国的气候舒适度研究从20世纪80年代中期开始起步[83, 89]。30余年来，国内学者在西方的人体舒适度模型成果基础上开展了一系列卓有成效的研究工作，其中以温湿指数、风效指数、有效温度指数等应用最为广泛。王远飞等[90]、杨成芳[91]、马丽君[92]和王华芳[93]等先后对上海、山东、陕西、山西等地的气候舒适度研究进行了有益的探索。陆鼎煌等[89]利用环境卫生学的有关资料，以气温24℃、相对湿度70%、风速2m/s作为最佳参照，提出了综合舒适度指标。钱妙芬等[94]以舒适和清洁为基本原则，采用几何平均法建立了"气候宜人度"模型。李万珍等[95]根据实验获得的"实感气温"基本数据，绘制了人体舒适度的风温曲线

和风湿曲线。吕伟林[96]通过实验得出了体感温度统计模型。冯定原等[97]以斯特德曼（R. G. Steadman）的感热温度理论为基础，对我国各地四季感热温度的分布变化进行了定量计算，分析了气象要素对区划结果的影响。谈建国等[98]和郑有飞等[99]用生理等效温度（Physiological Equivalent Temperature，PET）和舒适感觉参照关系研究了中国东部城市尺度上的人体舒适度以及气象参数对年际、月际舒适度的影响。董靓在国家自然科学基金重点项目"住区小气候环境中热物理问题（NO.59836250）"研究中取得了夏季室内热风环境对人体健康影响及改善途径的若干成果。

实测实验研究中经常使用的评价人体舒适程度的热舒适投票（Thermal Comfort Vote，TCV）也在美国供暖、制冷和空调工程师协会（ASHRAE）标准中得到了明确界定（表 1.3）[100]。

热舒适投票　　　　　　　　　　　　　　　　　　　　　　　　　表 1.3

不可忍受	很不舒适	不舒适	稍不舒适	舒适
4	3	2	1	0

来源：ASHRAE. ASHRAE Handbook Fundamentals[M]. Atlanta，GA：ASHRAE，2005.

1.3.2.2　生理机能参数

人体对环境的感受可从生理机能变化上反映出来，人体器官病变就是机能变化的显著验证方式之一。外界环境变化对人体感知造成的干扰，部分被人体接受，其余则受到相应的反弹。人体的核心温度必须维持在一个小范围内，但皮肤温度可随着外界温度的变化而变化[36]。

近年来，采用核磁、脑电、近红外、眼动、电生理等多种手段探测环境认知过程中人的情绪体验[101-102]、认知能力[103]、认知过程[104]已成为新的研究热点。借助便携式电生理仪，可以实现环境行为体验过程中脑电、心电、皮电、皮温、呼吸等多项生理指标的采集[105]。因此，除热指标外，医学上的生理参数也被进一步运用于环境感知的定性分析。在众多的户外热舒适实验中，受自主性调节活动影响的生理参数如人体皮肤温度、心率变异性、新陈代谢率、脑电波、肌电、排汗率等与人体热舒适具有较好的相关性。在人体处于热舒适与热不舒适的交替状态时，此类生理数据的实时采集与分析成为评价人体户外感受和行为活动的有力证据[106]。以下的 6 类生理参数在研究应用中较为普遍。

（1）皮肤温度

皮肤温度是反映人体冷热应激程度以及人体与环境之间热交换状态的重要生理参数。现有的大量研究都将皮肤温度作为与热舒适和热感受密切相关的人体生理参数。范格尔（Fanger）[107]于 20 世纪提出的 3 个人体热舒适的条件之一就是：人体平均皮肤温度应满足给定的舒适要求。其中，平均皮肤温度可反映较高的热舒适灵敏性，且有较高的可靠性[108]。布尔考（Bulcao）等[109]研究了皮肤温度、体温对人体热舒适程度的影响，认为人体热舒适在很大程度上取决于皮肤温度。为确定人的平均皮肤温度，拉马纳坦（N. L. Ramanathan）[110] 提出了四点模型，即可通过测试人体胸部、上臂、大腿以及小腿的皮肤温度，按照权系数 0.3、0.3、0.2 和 0.2 进行加权平均。于娟等 [111] 发现，皮肤温度随环境温度的变化最敏感，并与热感觉投票（Thermal Sensation Vote，TSV）和热舒适存在高相关度。城市规划学者 [108, 112] 开展了可行的、可识别城市中地理参考应力的反应实验。实验表明，情绪反应与由自主神经系统活动引起的特定生理参数（例如皮肤电导率和皮肤温度）的变化相关。妮科尔·梅杰（N. Metje）等 [113] 在完成 5 个欧洲城市的街道热舒适测试后，建议将皮肤温度的客观参数用来初步确定人的室外舒适度。人体不同部位的皮肤温度与热舒适的相关性也有差异。王丹妮（D. Wang）等 [114-116] 认为手指温度、手指与前臂的皮温差可以用来监测和预测人体的热舒适，只是偏冷环境下的差异要大于偏热环境和中性环境。查理·休伊曾加（C. Huizenga）等 [117] 在实验室对受试者身体 19 个局部和全身采集了皮肤温度和核心温度，结合热感觉（Thermal Sensation，TS）和舒适度反应发现，核心温度随皮温冷却增加，随皮温增加而降低；当身体接近中性热状态时，手指和手指温度会显示波动；阴凉环境中使用电脑鼠标时，使用鼠标的手部皮肤温度观察到比未受阻的手低 2~3℃。兰丽（L. Lan）等 [118] 测量了不同空调温度下受试者的局部皮肤温度，认为不同热舒适状态下的平均皮肤温度具有显著性差异。

（2）心率变异性

人体皮肤温度与环境温度和热舒适相关性高的原因，可由心率变异性（Heart Rate Variability，HRV）的心率变异性低高频比值（LF/HF 比值）提供有效的生理依据。心跳间期有节律的波动称为心率变异性。心率变异性分析是指交感神经和迷走（副交感）神经的兴奋状况和张力变化对心脏窦房结产生有节律跳动的频域分析法，是医学上一种用来评价自主神经系统功能和平衡性的有效方法 [119]。高频段（High-Frequency，HF）主要由交感神经传出的活动引起，低频段（Low-Frequency，LF）主要是由迷走神经传出的活动引起。其低高频比值增大表明交感神经活动增强，迷走神经活动受到抑制；其值减少则表明交感神经活动减弱，迷走神经活动增强。交感神经兴奋会引起体温调节活动（发汗、皮肤血管收缩）的产生，促使人体发汗或血管收缩，这会导致皮肤温度升高或下降以适应环境温度和热舒适的变化。

刘伟伟（W. W. Liu）等 [120] 对受试人员在不同热舒适状态下的心率变异性进行分析，结果发现：当人体处于不舒适状态时，其低高频比值显著高于处于舒适状态的值，这表明较强的交感神经活动（导致体温调节活动增强）对人体热不舒适感觉的产生起重要作用。叶晓江 [116] 研究了不同温度下人体神经兴奋状态的变化，探讨了利用心率变异性判断人体热感觉的可行性。吕志忠等 [121-122] 通过环境热强度与人体热紧张指标（肛温、心率与出汗率）的关系，得出了不同热强度与不同劳动强度下安全的劳动时限。其他研究 [123] 也同样发现生理参数能从一定程度上反映人体在环境中的舒适状态，证明心率变异性与环境舒适度的显著相关性，说明其是评判人体热舒适度可靠且有效的生理依据。

（3）新陈代谢率

人体新陈代谢率是另一个影响人体热舒适的重要因素。范格尔在热舒适方程解释预测平均投票数（PMV）- 预测不满意百分比（PPD）指标时，将新陈代谢率作为影响人体热舒适的主要人为因素之一。在中性温度环境下，人体的新陈代谢率最低，基本保持稳定；冷环境中，人体为保持热平衡，肌体内部会产生热量促进新陈代谢率；热环境中，人体也会通过维持较高的呼吸、内循环等生理功能来维持热平衡，在此条件下，新陈代谢率同样也偏高。对受试者在冷环境（自然通风）和热舒适环境（空调环境）下静坐时的新陈代谢率分别进行测量计算，结果表明：在冷环境温度下，受试者的新陈代谢率明显高于舒适温度下的新陈代谢率[124]。

（4）脑电波

人体脑电波产生的原理，目前较公认的观点是突触后电位学说，即认为脑电波是大脑皮层内神经细胞群同步活动时突触后电位的综合反映[125]。有研究表明，人体脑部温度的变化可能会影响到脑电波的频率，从而对脑电波的功率密度谱造成显著影响[126]。脑电波同样也可用于反映气候环境，有研究证明感觉神经传导速度（Sensorynerve Conduction Velocity，SCV）和运动神经传导速度（Motor nerve Conduction Velocity，MCV）与环境温度、空气流速的相关性高[127]；脑电波（Electroencephalo-Graph，EEG）中的 σ、θ、α、β 波与热感受投票 TSV 具有相关性[128]。热舒适是人对热环境的一种主观反应，属于精神状态，脑电波也能反映人体精神状态的变化[129]。

（5）肌电

肌电是神经肌肉兴奋发放生物电的结果，能在一定程度上反映神经肌肉的活动，因而在神经肌肉疾病诊断、康复医学领域的肌肉功能评价、体育科学中的疲劳评定等方面都具有实用价值[130]。有关肌电与人体精神状态之间的联系研究很少。叶晓江对大鼠在不同环境温度中的肌电（四肢肌与躯干肌）进行测量，结果表明：环境温度对大鼠的肌肉放电频率有影响但变化不显著。而人体感到寒冷时，会通过加强肌肉活动产热（如冷颤），来维持体内热平衡[122]，此时不舒适时的肌电与舒适状态下的肌电有较大差异。因此，肌电也有可能作为反映人体的冷不舒适状态的生理指标。

（6）排汗率

人体出汗分显性出汗和隐性出汗两类。一般认为皮肤温度达到 34℃时，人体开始启动出汗机制[131]。研究表明：人体在热舒适时，拥有最佳的排汗率[112]。通常当人体显性出汗时会感到热不舒适，所以，排汗率也可作为判断热舒适与热不舒适的指标。

1.3.3　心理感受

从风景园林感受角度出发的小气候舒适度研究可被理解为风景园林客观环境信息被接受、转译，进而成为主观感受信息编码的处理和传输过程[132]。人的感受同个体审美偏好[133-135]有密切联系。个体差异虽然存在，但普适标准也发挥着应有的作用。环境学者们一直同意自然环境刺激容易引发正面情绪，城市化的环境容易引起负面情绪[136]，而持续的负面情绪有害人类心智健康。

1.3.3.1 心理感受组成要素

荷兰一项调查发现在舒适度感受的各项影响因素中，非物理环境和主观因素比实际热条件更为重要，影响热舒适度的4个重要因素被总结为曝光时间、以往热环境、活动状态和热经历[137]。尼科洛普卢（Nikolopoulou）等[138]对于心理感受的测试要素进行了分类，认为这些环境的综合感受应包括即时的生理和心理状况、经验、期望、自我调节、对环境的亲自然性以及对刺激的需求，并认为人的自然属性、历史经验、预期的心理暗示都会左右环境对人类的刺激。同时在环境中的停留时长和对环境未知预测或已知期待也会影响心理变化。

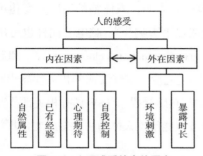

图 1.4　心理感受的内外因素
来源：改绘自 Nikolopoulou，Marialena，Koen Steemers. Thermal Comfort and Psychological Adaptation as a Guide for Designing Urban Spaces [J]. Energy & Buildings 35.1. 2003.

笔者建议将人对环境的实际感受原因分为外因和内因两类（图 1.4）。由外部环境对人体造成的外因感受，包括：小气候的环境刺激，具体可分为空气温度、热辐射、湿度、风力和风速等的感受和在环境中的暴露时长。内在影响因素可分为：人的自然属性；个人已有经验，包括曾经历的环境刺激和停留时长的经历造成的记忆[139]；心理期待，对已知或未知环境的心理预期判断；自我控制，由人的自然属性和心理期待共同营造的对自身生理、心理感受以及行为活动的把控。

众多热舒适实测研究证明，人体实际舒适感受和热舒适模型的计算结果存在较大差距，以实验室为基础生成的模型和以现场研究为基础提出的自适应模型之间存在不同结论。现实情况中，内在因素的自我控制，即自适应方式强调环境因素的重要性，是区分现场实验和实验室实验的重要原因。实地调查显示人们能自我适应周边环境，甚至接受研究者提出的舒适范围外的热状态。亨弗莱（C. S. Humphrey）等学者曾对36个场地进行过研究，现场调查约20万人，发现无空调建筑的受访者的"中性温度"和室外平均温度存在某种联系[140]。奥利西斯（A. Auliciems）在1983年也证实了这种观点[141]。对现场研究的批判认为，现场研究方法的精度不足。有实验室与户外实测实验的比对结果显示，约有50%的体感结论存在无法忽视的差距[142]。产生如此大差异的原因在于，虽然人的舒适感受是由物理环境引起的，但其他因素也同样影响了感受过程和结果。因为人的生理机能和行为模式是可调节的，人会主动调试实际体验的热感受，达到心理层面的舒适感。

1.3.3.2 热感觉与热舒适

此外，对于气候环境中人体的感受评价标准还有热感觉和热舒适之争。

人对周围环境是冷还是热的主观描述叫做热感觉，人只能感觉到自己皮肤表面下神经末梢的温度，而不能直接感受环境温度。热舒适在美国采暖、制冷与空调工程师协会标准 55–1992 中被定义为人体对热环境表示满意的意识状态。早期的欧洲学者大多提倡使用人体热舒适作为主要语言。亨塞尔（H. Hensel）[143] 认为舒适的定义是满意、高兴和愉快；卡巴纳克（M. Cabanac）[144] 认为"愉快是暂时的……愉快实际上只能在动态的条件下观察到……"，也就是说，热舒适是随着热不舒适的部分消除而产生的 [145]。

盖奇（A. P. Gagge）[139] 和范杰 [146] 等均认为不冷不热的"中性"热感觉就是热舒适，表示人既不感觉冷也不感觉热的状态。换言之，"中性"的热感觉就是热舒适。但另有学者认为热感觉和热舒适分属不同概念。该观点认为，热感觉是人体对环境冷热程度的判断；热舒适是身心共同作用的产物，表示人体对热环境满意的意识程度。埃贝克（Ebbecke）[147] 早在 1917 年就指出"热感觉是假定与皮肤热感受器的活动有联系，热舒适是假定依赖于来自调节中心的热调节反应"。由此衍生出另外一个重要概念，被称为热中性温度。热中性温度是平均热感觉投票（Mean Thermal Sensation Vote，MTSV）为 0 时的温度。认为热感觉不等同于热舒适的学者指出，当人获得一个带来快感的刺激时，并不能肯定其总体热状况是中性的；同样当人处于中性温度时，并不一定能得到舒适条件。斯塔索普洛斯（Stathopoulos）等人 [148] 在 21 世纪初的研究认为热感觉（Thermal Sensation）即气候感觉，是指通过皮肤热受体在无意识状态下，对环境刺激或环境信息的感觉检测，热感受和小气候感受都是对感觉数据有意识的解释和阐述 [149]。

由于热舒适和热感觉的分离现象，笔者分别列出了评价人体舒适程度的热舒适投票（表 1.3）和热感觉投票（表 1.4）。

热感觉投票

表 1.4

热	暖	稍暖	适中	稍凉	凉	冷
+3	+2	+1	0	−1	−2	−3

来源：Dear R，Brager G S. Thermal comfort in naturally ventilated buildings：revisions to ASHRAE Standard 55[J]. Energy and Buildings，2002.

综合以上讨论，笔者认为，热感觉是人对环境进行综合考量评定的感受，热舒适则代表对环境物理的满意程度，两者侧重点不同。本书基于风景园林学科特点，将研究重点定位为热感觉。但由于人无法直接感受环境温度，热感觉迄今尚不能用直接方法来测量 [36]。因此本研究主要采用问卷访谈和现场观测的主观方式了解受试者对环境的热感觉，即要求受试者按某种等级标度（主要为 Bedford 标度和美国供暖、制冷和空调工程师协会标度）描述热感受。

1.3.3.3　热偏好

对于热环境偏好的个体差异也是热感觉的研究方向之一 [150]。小气候环境偏好的定义为：

对影响小气候感觉的综合物理因素（气温、湿度、气流运动、辐射、服装和活动）作出的有条件的选择[150]。小气候偏好不仅包括热感觉投票的变量，也与周围环境相关。对小气候环境可能产生影响的相关因素有：气候环境的影响（气温、太阳辐射、湿度、建筑内外气候中的气流运动）；建成环境的影响（可改变气候的建筑、技术、设备和其他物理手段）；人对其所处环境的影响（社会、文化、行为等影响人的热偏好的方式）和人对热环境的可接受范围。

经过众多学者研究，大众认知中原有的可能对小气候环境感受偏好造成影响的年龄、性别、地域等差别均被证明与热偏好并无事实关联[151]。人们可以适应严寒或酷热的环境并不是因为热偏好，而是因为个体的热忍耐力，即自适应力较其他人高。人对环境的主动适应，可使人接受不在预期舒适范围内的热状态[152]。

1.3.3.4　主观调查问卷

人对环境温度的感觉不仅由冷热刺激造成，它与刺激的延续时间以及人体原有的热状态都有关系。人对小气候的最初感觉取决于皮肤温度，而后取决于人体核心温度。当环境温度迅速变化时，小气候感觉的变化其实比体温变化要快很多。

为此，笔者分析了近十余年中关于气候舒适研究的问卷，发现主观热感觉问卷基本被分为个人信息、感知能力、舒适度、小气候感受偏好、接受度和忍耐力六方面。所有问卷均涉及了对个人信息的收集，如年龄、性别、着装和活动状况等。热感觉方面的问题基本使用奇点投票法，但每个实验都会根据研究特征，设定不同的量表数量。大部分问卷使用的是美国供暖、制冷和空调工程师协会 7 点量表，也有部分问卷运用了 5 点或 9 点量表。超过一半的研究问卷涉及气候偏好的问题，对于偏好提供的选择基本分为 7 项和 3 项，除了最常见的热因子偏好，也有问卷设计了风力、湿度、太阳辐射的偏好选择[153]。大量问卷最后均问及了受访者的个人舒适状态，也有问卷基于国际标准化组织（ISO）ISO 10051，（1995）[154]询问了受访者对环境的接受程度或者对环境的忍受程度[144, 155-156]。

1.3.4　行为活动

风景园林空间使用者的日常行为习惯和行为模式，可从行为活动路径和内容进行解剖。通常情况下，不同的气候条件、空间形态和行为活动会引导人们产生不同的空间使用方式。

根据丹麦设计师扬·盖尔在《交往与空间》[157]对公共空间户外活动的"必要性活动、自发性活动、社会性活动"分类方式，台湾东海大学王锦堂教授[158]将人在环境中的行为理解为社会性行为，行为活动的研究对象是人类不同社会行为的起因、类型、影响以及使用者受自然或人工环境刺激而引发的相关行为与活动。顾朝林等[159]对北京的城市意象空间及构成要素进行的研究，采用了行为评价方法，利用照片分析技术和认知地图技术。胡正凡[160]、林玉莲[161]等在"环境—行为理论"研究的基础上利用认知地图对景观空间作了评价研究，探讨了环境的公共意象要素。徐磊青团队[162]的研究涉及多种信息的搜集方式，他们采用了包括观察、拍照、平面注记、问卷、访谈等传统活动分析方法，结合多种数据分析法，调查了人们在开敞空间（尤其是街道空间）中从事的活动以及在活动中的拥挤知觉。柴彦威、沈洁[163]的人类活动分析法（Human Activity Approach）也是城市空间结构、城市规划和城市交通研究等领域的热点。他们通过移动出行数据分析，在时间和空间维度上将日常活动进行连续统一的组织，并强调出行行为与空间功能结构的相互影响。柏春等[164]通过行为观察获得人在广场中，对不同位置休息座位的选择状况与冬季典型日上海某广场不同位置的气候适宜度的模拟结果进行对比，证明了城市开敞空间的形态特征、小气候状况和人的环境行为三者之间存在的相互关系。冷红[165]对哈尔滨索菲亚广场的复兴设计进行了现场调研，获得使用者行为规律的基础数据，并将数据转化为使用者评价图，利用叠合分析法对使用者评价图和气候评价图进行对比，最后提出广场复兴设计的对策。

在小气候对户外活动的影响作用研究中，埃利亚松（Eliasson）[166]的研究表明，晴空指数、空气温度和风速对户外的行为活动影响占 50% 以上方差，表明这 3 个气候因素对人们的行为评估存在显著影响。较有代表意义的是约翰·扎卡赖亚斯（John Zacharias）等[167]在 2001 年的研究，团队通过实验提出小气候的温度、湿度和风对中心商业区户外空间的人群行为活动存在显著影响。

1.3.5　风景园林要素与小气候环境

风景园林要素对人体感受的影响可以从地形和朝向、铺地材质和颜色、构筑物、植被、水体等方面进行探讨。

1.3.5.1　地形和朝向

与地形关系密切的小气候因子主要与太阳辐射相关。场地斜坡面接收的太阳辐射量与阳光入射和斜坡面的夹角有关，该夹角可通过太阳高度角与斜坡坡角计算得出。不同坡向的斜坡接收太阳辐射量不同，东向坡在早晨接收的太阳辐射量要比南向坡多。地形也与风因子关系密切，坡角小于等于 17° 的坡对风的分流作用不明显，但对风速有增减作用，上坡对风有加速作用，下坡对风有减速作用；而当坡角大于 17° 时，会对风产生分流作用，在迎风面、侧面、背面产生二次涡旋风[168]。

另外，城市的长轴空间，比如街道的朝向对风和太阳辐射有一定影响。当长轴朝向与风向平行时，空间内会产生峡谷效应，对风有加速作用；当长轴朝向与风向存在夹角时，风会在长轴空间内部形成涡旋。不同朝向的长轴空间所接收的太阳辐射量不同，也会导致空间内的气温不同 [169]。

1.3.5.2 铺地材质和颜色

构成城市表面的材料对城市热平衡和水文平衡有很大的影响作用。建筑材料的热性能可以影响物体表面温度和热通量。反射率高的铺装材料能减少材料表面对热辐射的吸收，但会增加空间中行人的辐射荷载 [170]。铺装颜色同样会对物体表面辐射产生影响，浅色材质对阳光有较高的反射率，可使物体表面保持或接近空气温度。深色材质容易吸收太阳辐射，产生地表辐射，提升表面温度。

1.3.5.3 构筑物

构筑物主要影响小气候的风速、日照和空气温度。构筑物对风速的影响表现为：当平行于地面的气流遇到构筑物障碍物时，至少产生三个分区。这三个分区分别处在障碍物的迎风面、构筑物顶部和与这个障碍物有一定距离的下风面。面对不可渗透的构筑物的气流或越过建筑顶部，而后下沉或转向构筑物两侧。构筑物对阴影区和日照区的影响表现在：不同尺寸与高度的构筑物产生的阴影面积不同。构筑物表面长波辐射对空气温度的影响是构筑物立面吸热导致建筑表面升温，在热交换作用下会加热周围空气，另外构筑物表面的长波辐射也是增加总辐射的一个重要因素 [170-171]。

1.3.5.4 植被

植被对城市热环境具有明显的改善作用。植被可以从热能的吸收与消耗方面降低环境温度。植被的光合作用可以吸收太阳辐射，将太阳能转化为化学能；植被的蒸腾作用能消耗太阳辐射，蒸腾出水蒸气的过程也会吸收部分热能；植物阴影可减少地表铺装对环境热的吸收。植被区域温度较低，与周围空间形成温差，引起局部空气热力环流，起到通风的作用。但密集种植区的空气湿度偏高会导致风速减弱，冬季可降低寒风的风速与风力，起到阻挡寒风的作用 [170, 172]。

1.3.5.5 水体

水体具有白天降温，夜晚升温的效应。水体较其他风景园林材质，有比热容高、在蒸发过程中会吸收热量、反射率大等特性 [173]。水体升温速度较慢，易与周边环境产生温差，制造空气流动。空气流动将水体上部的冷空气和湿气带到周边空间，进而降低周边环境的温度，提升周边环境的湿度。

1.4 研究内容

全书内容安排见表 1.5。书中各主要章节分别针对物理环境、身心感受、行为活动进行现场实验数据测定和主客观分析评价。由于人对环境的感受过程复杂，影响因素繁多，无法完全清晰地剥离三个研究方面。所以本书的物理感受与生理感受章节以及生理感受与心理感受章节之间不可避免地存在部分交集。

最后章节对小气候环境感受进行了总结，详细阐释构建适合风景园林特色的小气候评价体系与标准，并从使用者的季节性体验差别出发，说明综合评价体系构建的必要性及其构建方法。

风景园林物理环境与感受评价主要研究内容　　　　　　表 1.5

章节	重点	主要内容	研究方法	解决的主要问题	目标
第 2 章	理论研究	风景园林小气候环境感受评价三元论构建	文献调查、理论研究	确立风景园林小气候感受评价的三元	为研究主体的展开奠定理论基础
第 3 章	方法论研究	实验方法和理论	文献调查、理论研究	风景园林小气候理论研究现有成果	提出城市风景园林空间小气候环境感受研究方法
第 4 章	物理环境评价	小气候环境实测研究	现场实测	风景园林物理空间如何影响小气候	总结城市风景园林空间的小气候特征
第 5 章	生理感受评价	生理感受评价研究	现场实测、模型计算	风景园林空间中的生理感受波动和兴趣点找寻	评定生理感受季节性特征
第 6 章	心理感受评价	心理感受评价研究	问卷访谈	使用者实际的主观心理感受和偏好评价	结合主观评价确认空间的感受偏好和选择
第 7 章	行为活动评价	行为活动实录研究	观测记录	实际行为活动验证空间感受偏好	运用实际行为推算最优小气候
第 8 章	基于综合感受评价的设计指导	小气候和风景园林要素、设计策略	理论研究	风景园林空间要素如何影响感受如何指导设计实践	提出风景园林小气候适应性设计导则

1.5 本章小结

本章从全球环境问题、国内城市化进程过程中的矛盾、城市风景园林与小气候关系等方面陈述了本书的研究背景，说明了风景园林空间环境感受评价涉及的概念，在国内外文献整合归纳的基础上，分析了本书的主要研究目的、意义和关键问题，提出了小气候环境感受的研究内容、方法，最后展示了全书的研究思路、步骤和方法。

第 2 章
风景园林物理环境感受理论

2.1 研究背景

本章重点论述环境心理学的"刺激—反应"机制和层次论，以及风景园林三元论对风景园林物理环境感受理论建立的支持作用，并以此建立本研究的理论框架。

2.1.1 环境心理学

2.1.1.1 环境心理学概述

作为风景园林物理环境感受理论研究基础的环境心理学，源于心理物理学。早期的环境心理学作为心理学发展的一种趋向，其最明显的特征是将注意力集中到了物理环境上。环境心理学的零星实验研究从 19 世纪 60 年代德国心理学家费希纳（G. T. Fechner，1801–1887）的心理物理学和他对心理感觉与物理刺激之间关系的研究开始。费希纳是公认的心理物理学奠基人。1860 年，他所编著的《心理物理学纲要》问世，建立了定量心理学的理论基础[174]。

环境心理学形成于 20 世纪 70 年代，是心理学的一个重要应用性学科分支，也是近年发展迅速的边缘性学科。1978 年，贝尔（P. A. Bell）等人合著的《环境心理学》一书，首次为环境心理学定下比较确切的定义，即环境心理学是研究行为与构造和自然环境之间的相互关系的科学[175]。在 40 多年的发展历程中，环境心理学逐渐被明确为是研究个体行为与其所处环境之间的相互关系的学科，主要研究环境和人的相互关系。它使用心理学方法分析人类经验、活动与其所处环境（尤其是物理环境）等各方面的相互作用和相互影响，揭示各种环境条件下人的心理发生发展的规律[176]。

经历了 20 世纪中叶，科技和经济过速发展引起的一系列环境危机和社会问题后，环境因素已成为环境心理学家热衷的研究课题。环境心理学在此大背景下，诞生于 20 世纪 70 年代初。1970 年，普罗夏斯基（H. Proshansky）和伊太莱逊（W. L. Ittelson）等人合编的《环境心理学》[177]正式出版。同年，代表欧洲研究潮流的"国际建筑心理学会"在英国金斯顿成立。

1971 年，美国建筑学会费城分会等团体组织了"为人的行为而设计"讨论会。1975 年有了第一个环境心理学的博士 [178]。第一批环境心理学杂志在 60 年代后期创刊，《环境和行为》杂志也是在 1969 年创办的。传统的环境心理学主要研究物理环境对心理的影响，但 90 年代之后，环境心理学的研究内容分为两大类：一是环境和行为的交互作用形式，可分为认知和行为；二是交互作用的过程，即人作用于环境和环境反作用于人 [179]。

　　作为一门边缘性和综合性兼具的学科，环境心理学具有显著的多学科交叉特点，主要以环境学和心理学为研究基础。但从环境心理学的起源和已完成的各种研究结果表明，环境心理学的最初研究者不是环境科学工作者，即便是心理学家也很少，更多的是人居环境学科中的三大类学者：建筑设计师、城市规划师和景观规划设计师。以应用最早的建筑心理学为例，它是环境心理学和人居学交叉作用的产物，而环境心理学则由心理学和环境学、社会学共同作用形成 [180]，其间的关系可从图 2.1 得到诠释。

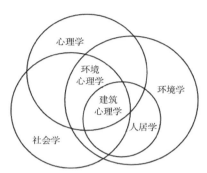

图 2.1　人居学、环境学和环境心理学的关系
来源：马铁丁．环境心理学与心理环境 80 学
[M]．北京：国防工业出版社，1996.

　　环境心理学中"环境"一词的概念，始终和行为联系在一起。环境心理学同时从主客观角度研究环境和行为的关系，研究目的是通过了解个体和环境的相互作用，进而利用并改造环境，解决各种因环境而产生的人类行为问题 [181]。在"应激—反应""环境—行为""定势—活动" [182]等心理学概念的影响下，风景园林与风景园林感受的关系被普遍理解为"环境—人"的关系。风景园林评价有四大学派：专家学派（Expert Paradigm）、认知学派（Cognitive Paradigm）、经验学派（Experimental Paradigm）和心理物理学派（Psychophysical Paradigm） [183-185]。

2.1.1.2　"环境—人"的关系

　　环境与人的关系一直是环境心理学的基本问题，是多个心理学流派重点关注的对象。著名社会心理学家勒温开创了"心理场论"的理论体系，提出了行为公式：

$$B = f（P，E）\tag{2.1}$$

　　即行为（B）是人（P）和环境（E）共同作用的函数，行为随着人和环境的变化而变化。

　　勒温的心理场论借助了物理学中"场"的概念。场是指"相互依存的事实的整体"，在场中存在的事物受到整个场的影响，也受到场内其他所有事物的影响 [186]。心理场论认为，人和环境同时处于一个相互影响的场中，人无法脱离环境存在，环境也无法脱离人而作用。

2.1.1.3　"刺激—反应"机制

　　认知心理学派是笔者主要借鉴的环境心理学理论学派。认知心理学派的理论可分为应激理论、"唤起—构建"理论和环境超负荷理论。应激理论和其核心机制——"刺激—反应"机制是本书的重点应用理论。

应激理论的核心机制是"刺激—反应"机制，是环境心理学感受研究的理论基础。外界物理环境对人体感官的影响作用过程称为"刺激"；刺激引起人的感觉神经发放，并导致相应脑区的激活，使人产生感觉体验[187]，该过程称之为"反应"。感觉神经活动强度在一定范围内和人的反应强度成正比[188]。应激行为是针对刺激物的动态产物。应激有两种基本模式，一种强调心理反应，一种强调生理反应。所以反应既指心理方面的反应机制，同样也包括生理方面的反应机制。环境应激物与心理、生理应激反应交互作用，互为因果。

在费希纳的解释中，环境心理学包含外部的环境心理学和内部的环境心理学，分别对应外部环境和内部环境。外部环境心理学指外界刺激，内部环境心理学指人的反应。外部环境是存在于个体之外的周边环境，如自然环境、人工环境、其他个人、外部事件情境等。由外部环境对人体造成的刺激，可从时空两方面区分，包括：外部的空间环境和人在环境中的暴露时长。内部环境讨论的是人对外界人、事、物的身心感觉和行为反应，包括三方面组成要素：人的生理机能反应、人的心理感受反应、人的行为活动反应，详见表2.1。"刺激—反应"的交互作用是人在感觉过程中接收到的外部物理刺激，以及人体内部生理世界的机能反应过程和内部心理世界感觉体验的结合，即内部环境和外部环境的结合过程。"刺激—反应"的关系是外部环境的刺激和内部环境的反应通过人体相互交换的过程[189]。

"刺激—反应"机制分解表　　　　　　　　　　　　　　　　　表 2.1

应激机制	刺激					反应		
环境类别	外部环境					内部环境		
研究对象	个体周边环境					人体		
研究内容	时间	空间				生理机能反应	心理感受反应	行为活动反应
	暴露时长	自然环境	人工环境	其他个人	外部事件情境			

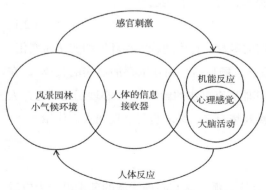

图 2.2 "刺激—反应"机制运作过程示意图

人作为载体，与周围环境和内在世界中形成了连续的反应场，刺激与反应交织发展，相互连通、制约、影响。外部物理世界会对人的感官体验产生各种刺激，引起人体身心世界的活动，也就是人体机能和大脑的活动过程，进而产生内部心理世界的感觉体验[190-191]。"刺激—反应"机制的运作过程见图2.2。

2.1.1.4　层次论

环境心理学将环境和心理作为同一整体加以探讨，探讨过程强调实际应用。依托层次论可衍生出多种研究方法。

苏联心理学家扎布罗丁（Y. Zabrodin）早在 20 世纪 80 年代就对环境心理学的研究方法进行了分步分层的推论过程分解[182, 192]。笔者以此为基础，对环境心理学实际应用进行了进一步梳理，提出在构建风景园林学实践应用的基础理论体系的过程中，可将风景园林环境感受评价研究分为"理论—实验—客体—反证" 4 个层次（图 2.3）。

层次论	研究方法	研究内容	研究目的
层次 1. 理论	科学唯物主义的理论框架构建	外部世界的客观描述；生命体活动行为的特征和心理特征描述	阐释心理机制的内在含义；建立主客观、主客体、内外部的关系构架；对自然现象做出精准描述
层次 2. 实验	定性定量的实验论证，包括数学的空间、数量关系梳理分析；物理学的自然科学现象评价	定量化实验验证；"刺激—反应"机制；一般方法论和具体学科方法论的结合	阐释"刺激—反应"机制的内在含义和客观体现
层次 3. 客体	辩证主义的人体自适应论证	客体的现实存在；主体的客观行为反应活动	论证自适应性程序；具体学科的实际工程运用
层次 4. 反证	辩证主义的整体调和统一	理论概念与感受体验的统一；存在与精神的统一；心理反应与调节的统一	整体研究认知、调节、交流功能；调节人类行为和生存活动；使人反应并适应周围世界

图 2.3　环境心理学层次论示意图

第一层次：理论层次。经典环境心理学是一种系统化、理论化的心理学。它使用科学唯物主义的研究方法，研究人对周围环境心理反应现象。通过对客观外部世界和有机生命体的行为活动、心理特征描述，确立心理意象形成、结构和功能特性的规律、关系和因素，解释人在不同情境下由自身心理认知作出的对环境的理解和反应。环境心理学理论探讨环境和人之间的关系，主要包括对"主观—客观"关系、"主体—客体"关系、"内部—外部"关系的挖掘研究，并通过人的心理机制对自然现象作出阐释。

第二层次：实验层次。在理论框架构建的基础上，环境心理学力图使用定性或定量的实验方法对自然现象作出精准描述。该描述主要运用了数学和物理学的研究方法。对数学的应用表现在对客观对象的空间形态结构和数量关系的梳理，对物理学的应用针对人所在环境的自然界的科学现象评价。实验层次的量化研究是一般方法论和具体学科方法论之间的连结桥梁，是环境心理学的主要实践过程。其中本研究应用到的"刺激—反应"机制是环境心理学的核心机制，它试图在实验的量化验证过程中，阐释环境与人的心理之间相互作用的内在含义。

第三层次：客体层次。环境心理学的客体研究包括两个组成方面：客体的现实存在和主体的客观反应。就认识论而言，主体的行为反应、行为活动同客观存在的非生命物质一样，是客观事物。因此环境心理学在对客体层次的研究中，一方面要考虑外部物理环境的客观描述，另一方面也要考虑人在环境中做出的生命活动和行为过程的客观特征。人为了自身生存需求，与环境间完成的妥协、改造、破立过程，都是人在客观世界中的自适应过程。对客体对象的主要组成部分——人的心理和行为活动的研究，也可看作是人对环境的自适应过程研究。不同学科对客体的研究，一般会使用到辩证主义和实践佐证的方法。

第四层次：反证层次。反证层次指从客观现象回到理论层面，对前三个层次构成的推导过程的反向验证，使用的是整体辩证唯物主义观。其重点落在整体全局的调和认知，遵循统一原则。感觉本身就是一个心理意象的综合体。人从整体观出发，能构造出一个完整的感觉和概念统一的系统图景。这种统一还可以延伸理解为存在与精神之间的统一以及心理反应和身体调节之间的统一。反证层次的组成要素并不是孤立的外部环境刺激或人的身心反应，而是集合所有要素的认知观，可通过对人的认知、调节、交流能力的整体研究，合理适当地调节人的行为活动，使人能更好地反应世界并适应环境。反证层次中最常用的收集数据方法之一是使用后评价法（Post Occupancy Evaluation，POE）。使用后评价法从社会和行为角度评价物理环境，检验是否能满足使用人群的各类需求。同时，也可对物理环境对个体行为的影响进行反馈，为改进生存空间的环境设计提供有价值的意见。

2.1.2 风景园林三元认知

人类聚居环境三元论[193]和风景园林三元论[194]作为风景园林学的哲学基石，深刻影响了我国风景园林学科的发展方向。风景园林三元论的专业观将风景园林研究的总目标定位为：以满足人类对于优美生存环境的需求为宗旨，通过有效的形态空间组织手段，保护、恢复、营造、管理人与自然和谐共生的生活、生产、生态环境[195]。其中提到的"环境""空间""人"是风景园林学在理论研究和工程实践中涉及的最基本的三要素。

风景园林三元论源于人类聚居环境三元论（图2.4）。人类聚居环境三元又由一元、二元的哲学观衍生而出。一元、二元、三元之间存在辩证统一关系，三者相互统一，互有交集。三元论的提出并非是对一元论、二元论的否定。老子早在《道德经》中就明确了三元认识论的思想精华。所谓"道生一，一生二，二生三，三生万物"，说明万物的生发、生长、变化皆源自于道，顺应从一到二，从二到三，从三到众的分裂演变规则。

风景园林从属于万物范畴，人类对风景园林的感受也遵从道的运作规则。从根本上说，无论是一元论、二元论还是三元论的哲学观点，都可归同于一个本源体。图2.4的三元相交部分——人类聚居环境，是对人类聚居环境三元的归纳，也是该图的主题所在。

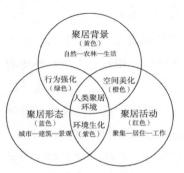

图2.4 人类聚居环境三元论示意图
来源：改绘自刘滨谊.风景园林
三元论[J].中国园林，2013.

二元论是从整体全局的一元观延伸出的对立、互补、共存思想，具有鲜明的相对论特征。三元论是二元论相对模式在现实应用中衍生出的常态化表述。对二元论的运用可以通过色彩学三原色加色方法予以解释。色彩学中的三原色、间色、互补色可与图上内容一一对应。

将图 2.4 的聚居背景元设为黄色、聚居形态元设为蓝色、聚居活动元设为红色。相邻两者的相交部分会叠加产生三间色，黄元与蓝元相交产生绿色部分。图上的绿色部分即是由聚居背景和聚居形态共同催生的人类行为活动，即"行为强化"。而反之，人类的行为活动也促进了聚居背景与聚居形态的不断提升和完善。同理，聚居形态和聚居活动促成了环境生态化结果，绿色生态的环境保障了聚居地的空间形态和人民的聚居活动。聚居背景和聚居活动同时铸就了空间的美感，经过美化的空间也使聚居背景更绿色，聚居活动更丰富。

另一方面，色彩学将间色和与之成 180° 对应的原色互成互补色。因此，红色的"聚居活动元"和绿色的"行为强化"部分互为对应关系，也验证了活动和行为在户外风景园林空间中合二为一的二元属性。同理，橙色部分和与其 180° 对应的蓝原色互成互补色，组成聚居背景和环境生态化的二元体。蓝色的聚居形态和与之对应的橙色空间美化互为互补色，组成第三对二元体。每对二元关系相互同为一体，两两验证，互为某一元的前景和背景。从二元论角度而言，聚居背景、聚居形态、聚居活动分别是人居环境生态化、人居环境空间美化、人居环境行为强化的外在显性表现，后者是前者的隐性背景。

2.2　环境心理学在风景园林环境感受评价中的应用

2.2.1　"刺激—反应"机制的应用

"刺激—反应"机制的外部环境和内部环境在风景园林感受中各有体现。外部环境主要表现为风景园林空间中的物理环境。除此之外，风景园林空间中存在的人工环境、活动人群以及发生的事件情境和作为感受主体的人在空间中的暴露时长等，都是外部环境的刺激因素。内部环境是作为感受主体的个人在风景园林空间的活动期间，因环境刺激所作出的身体机能反应、心理感受反应和行为活动反应。其中，生理机能反应除了人体体表在与外界进行直接或间接接触时发生的自主反应，如心率、脉搏、皮肤温度等的变化外，也涵盖了人体大脑神经活动。

"刺激—反应"机制在本研究中同样反映为"环境—感知"的关系，体现风景园林环境感受中"风景园林环境—人的感知"的基本作用机制，详见图 2.5。在"风景园林环境—人的感知"的作用过程中，"人"作为刺激和反应的中间媒介，是风景园林环境感受与评价的研究主体。风景园林物理环境是"刺激"的承载体，由风景园林空间、物理环境和暴露时长三部

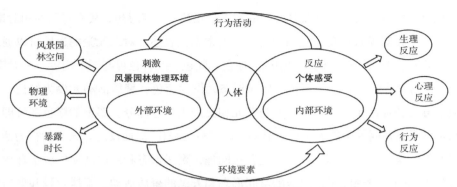

图 2.5 "刺激—反应"机制的风景园林环境感受示意图

分组成。人体感知、感受代表"反应",由生理反应、心理反应和行为活动反应共同构成。在三大反应中,生理反应和心理反应是内在反应,难以直接观察捕捉,行为活动是外化反应,是人感受环境,产生反应的最直接表现。

2.2.2 层次论的应用

本研究借鉴了环境心理学理论研究方法中的层次论。层次论一共分为四层,在本研究中的具体应用表现为表 2.2 所示内容。第一层为理论层次,借鉴应激理论中"刺激—反应"机制的理论和方法。第二层实验层次,关注风景园林环境对个体产生物理刺激后,个体作出的生理和心理反应。该层次需要通过实验完成。第三层客体层次,研究的是物体的外化表现,体现为人在受到刺激和产生感知后作出的行为活动反馈,通过对人群的行为活动观测实验来体现。第四层反证层次,即风景园林小气候适宜性设计策略的提出,是研究的最终目的。

风景园林环境感受评价的层次论应用 表 2.2

序号	层次	理论基础	研究内容
1	理论	"刺激—反应"机制	理论、方法
2	实验	环境对人的刺激	环境要素测定
		人对环境感知的内化反应	人体反应测定
3	客体	人对环境感知的外化反应	行为活动反应
4	反证	风景园林小气候环境适宜性设计	设计策略提出

图 2.6 展示了环境心理学在风景园林环境感受评价研究中的应用过程。风景园林物理环境感受评价的基础理论源自环境心理学。研究过程根据层次论的理论方法进行推导。实验是研究的主要方法,实验应用环境心理学认知心理学派的"刺激—反应"机制,由物理实验、生理实验、心理实验组成。行为活动观测是客体事物的外化体现,是研究的客体对象。研究

结果，即小气候适宜性设计策略的提出，是对环境心理学中"环境—人"的一致性和交互性的反证依据。

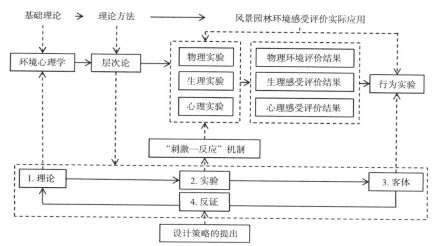

图 2.6　环境心理学理论方法在风景园林环境感受评价中的应用过程

2.3　风景园林小气候环境感受三元的构建

图 2.7[196] 提出的风景园林环境物理—心理感受三元，以风景园林环境感受为中心，围绕风景园林环境、风景园林环境感受和风景园林环境感受之空间行为活动及其耦合关系建立三位一体的研究思路。三元共同构筑人在风景园林环境中的感受。它们内在关系可解释为：风景园林空间的形态结构与物理环境营造了场所生态本体；人对环境的感受产生了外化的行为活动；人的行为活动形成了场地特有的社会文化，反映了空间使用状况。第一元风景园林环境元的研究内容可拆解为景观形态、环境形态和场所营造三要素。第二元风景园林感受元，是风景园林规划设计中调节的关键对象，包括对人的生理舒适度、心理满意度和精神愉悦度的调节。第三元风景园林行为活动元，是人对空间、环境、感受的可视化反馈，可分解为群体活动、社会文化和公众价值。

　　基于上述的所有三元理论案例，本研究提出风景园林小气候环境感受三元，详见图 2.8。风景园林小气候环境感受由小气候环境、环境知觉、行为活动三元共同建构。小气候环境元包括热、风、湿三大要素，需要经过科学、理性、量化的实测、模拟、分析来完成。环境知觉元研究人对客观环境对象的知觉，涵盖生理知觉和心理感受，是结合客观与主观、理性与感性、科学与艺术的认知体验过程。行为活动元包含活动空间、活动时间和活动方式，是人在所处环境的刺激下，产生生理本能反应和心理感知体验后的可视化反馈，反映了人对环境的本能选择。

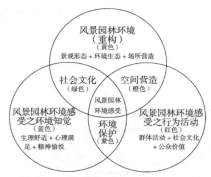 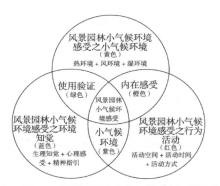

图 2.7　风景园林环境物理—心理感受三元示意图　　　　图 2.8　风景园林小气候环境感受三元示意图
来源：刘滨谊，鲍鲁泉. 城市高密度公共性景观 [J].
时代建筑，2002（1）.

风景园林物理环境元的研究对象是几何空间中客观存在的物质，注重对其物理属性的分析。风景园林环境知觉研究在风景园林空间中的个体或群体，因受到周边环境的刺激，尤其是小气候环境的刺激，而引发的生理和心理反应。风景园林空间行为元以人在环境空间中的行为和活动为研究对象，聚焦人受到环境刺激之后的外化可视化反应，是研究环境对人的影响的最直接依据。

根据前文所述的色彩学互补色原理，小气候环境对应风景园林物理环境，具体指环境物理的热环境、风环境、湿环境特性；环境知觉对应心理感受，分解为生理知觉、心理感受和精神指引，是研究的难点所在；行为活动与空间使用验证相对应，是对风景园林环境感受的直观证明。三元的核心交集反映了风景园林小气候环境感受的综合统一。

2.3.1　风景园林物理环境——几何空间的物质存在

风景园林空间的小气候环境测定是探讨风景园林小气候环境感受评价的首要环节。小气候环境是人们在户外风景园林空间中感受到的非视觉可见的潜在环境，它在特定的几何空间中，通过其物理特性对人体产生直接或潜在的身心影响。对风景园林小气候环境的研究专注于户外环境的物理特性，在本研究中特指风景园林的小气候特性，涵盖热环境、风环境、湿环境三大要素（图 2.9）。三要素对人体感受的影响通过在各时间段所占比重的不同程度来表现。研究将对三要素展开详尽的全天候测定与记录，通过小气候要素在时间与空间维度中的变化规律，发现风景园林空间小气候环境的基本物理特征。

2.3.2　风景园林环境感知——外界刺激的身心反应

环境知觉是个体或群体直接真实地感知环境信息的过程，包括人的生理知觉、心理感知和精神感受（图 2.10）。人通过眼、耳、鼻、舌、皮肤等感觉器官接收生理知觉信息，获取环

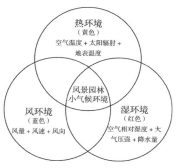

图 2.9　风景园林小气候（物理）环境三元示意图

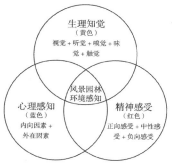

图 2.10　风景园林环境感知三元示意图

境物理信息，了解环境。小气候环境的大部分物理能量或信息都可通过体表皮肤被人体接收。人体的出汗、发冷等生理现象就是对环境温度、风力、湿度等物理环境作出反应。心理感知分为内在因素和外在因素两类。与传统的实验心理学、普通心理学的知觉概念相比，心理感知过程尤为强调真实环境，强调信息论在环境知觉中的运用，强调人和环境的互动。已有多项经典心理研究实例表明，环境知觉受多种因素，包括个体的年龄和性别、语言和文化、知识和经验以及运动方式等的影响。因此，小气候环境感知不仅要研究刺激物对知觉的影响，也重视认知、人格、文化、个人已有经验和需要状态对知觉的影响。

2.3.3　风景园林空间行为——环境感受的外化体现

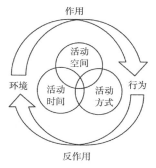

人在空间中的行为活动是在受到所处环境影响后，表现出的外化现象，是对环境舒适度的直接证明。对行为活动的研究连接环境与行为两部分主体，环境对行为产生作用，行为又反作用于环境。对环境行为的研究分为人对环境空间的选择、行为活动的时长与时段、行为活动的方式方法等。两者具体的交互关系如图 2.11 所示。

图 2.11　环境—行为交互关系图

2.3.3.1　行为活动的空间

本书中的物理环境舒适感指代小气候环境舒适。现实情况中，环境与其所在的空间密不可分，空间和空间内的物理环境是人进行活动行为的必备基础。因此环境舒适研究也应关注空间设计。

在近人空间尺度中，人需要舒适的小气候环境来得到生理上的放松和心理上的愉悦，自发地开展游憩活动。人会依照自身对舒适的需求选择活动空间的类型。人的舒适心理具有私密性和依靠性特点。有研究称，人会在空间里下意识地寻找依靠物，依靠物对人的吸引半径约为 1.5m，这样的空间会令人感到舒适安全 [197]。人在身处可信赖和可依靠的空间后，才会开始产生对更开放空间的观察需求。因此，在风景园林空间中设置尺度不一、形态不一的多种空间，是满足使用者舒适体验和心理需求的基础。

2.3.3.2　行为活动的时间

行为过程在舒适感基础上又叠加了时间维度。人在恶劣的气候环境下不会也无法选择户外出行，而宜人的气候条件将大幅增加人的户外活动时长。在相同前提下，人在空间中的活动时长可有效证明空间环境的舒适感受。

2.3.3.3　行为活动的方式

空间行为模式与环境背景、个体属性等条件相关。人会根据所处环境的不同特性，表现出各异的行为方式。如在阳光明媚、微风和煦的春季，休息场地的座椅会吸引众多就座人群，但在寒风凛冽，缺乏光照的冬季这些座椅则少有人使用。影响行为内容的因素除了气候环境外，还有前文提及的个体在年龄、性别、地区等属性方面的差异。以年龄差异为例，老年群体行动不便，多选择静坐、站立等低速游憩方式，运动方式也偏向太极、散步等运动量较低的类型；年轻群体偏好激烈快速的运动方式，如跑步、跳跃等。冬季，同一长椅的老年使用者往往更倾向阳光直射的位置，中低龄使用者则对阴影区的接受程度更高。

2.3.4　三元研究体系构建

综上所述，笔者先从环境心理学的核心机制出发，讨论环境和人的相互关系。继而，运用风景园林三元论的分析方法，分析"环境—人"的关系，得出风景园林小气候感受评价的三大组成部分。最后，对三元的研究重点、内容、组成和关键问题进行拓展阐释。具体研究思路详见图 2.12。

风景园林小气候环境感受评价三元的理论和方法基础，是建立本研究理论并确保实验实施的基石。融合两者，本着以人为本的理念，笔者将风景园林小气候环境感受研究中"环境—人"的交互作用分解成三个过程：第一过程是环境对人的作用，可理解为人对环境的认知，重点在于对周围环境物理特性，特别是小气候环境特性的认知；第二过程是人和环境的相互作用过程，即人作用于环境和环境反作用于人的过程，体现两者在时空中的能量流动与信息互换，尤其侧重于小气候环境对人的作用机制；第三过程是人对环境的反作用，外化为人的行为活动，是可视化的外在表现。各过程分别对应三大元的研究重点、内容、要素和关键问题。

环境心理学	核心机制	刺激 ←→ 反应
	研究对象	环境　环境和人的关系　人

风景园林三元论	背景	形态	活动
风景园林小气候环境感受三元论	小气候环境	环境知觉	行为活动

风景园林小气候环境感受评价三元论	"环境—人"关系的三元	环境对人的作用	环境和人的交互作用过程		人对环境的反作用
	风景园林小气候环境感受评价的三元	小气候环境评价	身心感受评价		行为活动评价
	研究重点	环境的物理特性	能量交换的过程		行为的外化表现
	研究内容	小气候环境的物理属性与变化特征	人对小气候环境的感知		人对小气候环境的适应与使用
			人体对风景园林空间小气候环境的本能反应	使用者对风景园林空间的使用经验和感受	
	组成要素	热环境　风环境　湿环境	生理知觉	心理知觉	行为舒适　行为过程　行为特征
	关键问题	对风景园林空间以形态结构为标准进行分类，量化测定空间内部各小气候因子的变化规律	对人体的生理反应进行分类测量，从各类指标数据提炼人体在各种空间中的基本机能反应	从使用者对小气候环境的热、风、湿和综合环境评价中找寻主导感受和偏好选择	通过使用者实际的用脚投票，求证最舒适的小气候指标范围

图 2.12　风景园林小气候感受评价三元论研究思路

2.4　风景园林小气候环境感受评价的方法、过程和应用

2.4.1　环境感受评价的方法

　　本研究采用的方法论有实证主义方法论、经验主义方法论、人本主义方法论。实证主义用评价主体的事实行为证明研究结果和结论；经验主义根据个体的自然属性、已有经验、心理期待、自我控制等内因评价主体实施的行为活动；人本主义认为空间中的行为主体——"人"，是风景园林空间规划设计的主要服务对象，提倡"以人为本"。

　　如图 2.13 所示，风景园林小气候环境感受之小气候环境测定元采用实证主义方法，通过现场实验手段，使用科学精密的计量工具，采集空间中各项小气候因子变化数值，用于分析验证研究的量化结果。风景园林小气候环境感受之环境感知测定元结合实证主义方法论和经验主义方法论，对风景园林空间使用主体的身心感受进行定性和定量的同步研究。风景园林小气候环境感受之行为活动记录元采用实证主义、经验主义和人本主义三位一体的研究方法，以定性研究为主，结合定量研究，通过主客观融合的方法推进对研究结果的验证。

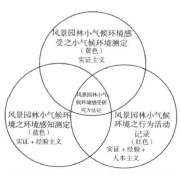

图 2.13　风景园林小气候环境感受研究三元示意图

2.4.2　环境感受评价的过程

　　人对风景园林环境的认知是完成环境感受评价的前提。认知的过程可分解为：对环境的认识、对环境产生的身心感受、由此产生的内在或外在反馈。研究中的刺激方是风景园林小气候环境，反应方是空间的使用者。如图 2.14 所示，小气候环境感受评价第一元小气候环境评价解剖环境的基本物理属性。通过量化方法测定热环境、风环境、湿环境特性，完成对环境物理的基础认知。第二元的身心感受评价遵循以人为本的原则，讨论环境与人交互关系中环境对人的影响。人体感觉器官在与外界的接触中产生的对环境的直接感受，即为外部环境感知。人在对外部环境有了一定的感知和经历之后，会对环境产生特殊认知，并形成环境记忆，这个过程称为人的身心感受过程，通常使用舒适度指标予以评价。第三元行为活动评价，关注两者关系中人对环境的影响，是个体基于对外界环境的认识和感知，并根据自身经验作出的个性化反馈，体现环境感受的真实表达。

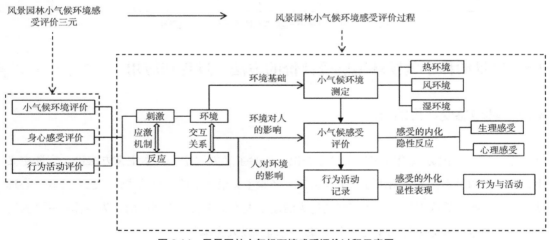

图 2.14　风景园林小气候环境感受评价过程示意图

2.4.3　环境感受评价的应用

　　风景园林小气候环境感受评价三元的研究目的，是为了指导风景园林小气候环境感受理论在设计中的实践应用，即提出风景园林小气候适宜性设计策略，指导人对空间的设计、改造与使用。图 2.15 对该策略的基本组成内容进行了三元拓展，分别为小气候因子的调和设计、

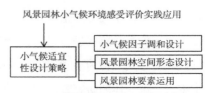

图 2.15　风景园林小气候环境感受实践应用示意图

风景园林空间形态设计、风景园林空间要素的运用。三者内容将在后续章节中进行详细说明阐释。

2.5 本章小结

本章梳理了研究的理论依据，介绍了环境心理学和风景园林三元论及两者在风景园林小气候环境感受评价研究中的应用，并由此建立了风景园林小气候环境感受评价三元理论框架。研究首先依据层次论的四分步骤，将风景园林小气候感受分为小气候环境、小气候感受、小气候环境行为和小气候适宜性设计 4 大层次。然后使用风景园林三元论的研究方法对其进行三元归类，得到风景园林小气候环境感受评价的小气候环境评价、身心感受评价、行为活动评价。研究延续环境心理学以实验为主的研究方法，通过"刺激—反应"核心机制，将风景园林小气候环境感受三元按物理环境基础、环境对人的影响、人对环境的影响一一对应。小气候适宜性设计也被视为人对环境的主动改造，最终回归环境与人的关系。

本章确立了全文研究的学术观，奠定了本书的理论基石，为后续风景园林小气候环境测定实验、使用者生理感受评价实验、小气候感受评价实验、行为活动观测实验和小气候适宜性设计策略的提出提供了理论依据。

第 3 章

风景园林小气候环境感受评价方法研究

实验作为环境心理学的灵魂，是研究的支撑骨架，也是检验理论可操作性的标准。本章根据风景园林小气候环境感受三元研究框架，设计了风景园林小气候环境感受的实验方法。

3.1 研究背景、内容和目的

实验设计的核心围绕环境心理学层次论中的实验层次和客体层次，旨在解剖并落实两者在本研究中的位置和作用。实验层次的落实表现为对应风景园林小气候感受评价三元，确立由实验研究主体、研究对象和研究方法组成的系统框架，完成实验设计。客体层次的落实表现为在预实验中分别确定物理环境元、环境知觉元和行为活动元的主导因子或指标。

为达到以上目标，笔者将小气候环境感受评价的实验主体分解成 3 个步骤：风景园林小气候环境实测实验、风景园林小气候环境身心感受实验、小气候环境影响下的风景园林空间行为活动测录实验。为更有效地实施实验，更完整地陈述实验内容，又特将风景园林小气候环境身心感受实验拆分为生理感受实验和心理感受实验两部分。因此，实验最终将以小气候环境评价实验、生理感受评价实验、心理感受评价实验、行为活动评价实验等 4 大主体共同呈现。

本部分研究首先归纳总结并借鉴国内外相关实验方法，通过预实验为实验中可能出现的情况制定具体解决方案，明确主体实验中的关键评价因子或指标。研究的正式实验将以本章提出的实验方法为基础，详细展开长期的季节性小气候环境与使用者感受研究。

3.2 风景园林小气候环境感受实验方法

自 20 世纪以来，随着对知觉研究的日趋成熟，为提高人体感受测量的信效度，利克

（M. R. Leek）[198] 在 "刺激—反应" 的实验阶段基础上，提出了适应性的实验方法，即每项实验中 "刺激" 方的物理特性是由先前的实验或实验序列中发生的刺激和反应所决定的，符合该程序的实验即被认为是适应性实验。自适应的实验方法可用来测量阈值，并进一步开发人体潜在感知机制的测量函数，如斜率等的特性。对实验结果的评估结论可评价适应性程序的效用和特定情况下的使用优劣选择。应用到本研究中，4 个阶段的每一项实验均可视为后一项实验的刺激方，为后者提供测量函数和选择的可能。认知心理学也指出，将研究对象因子分开测量集中分析的效果，要远远好于离散的感受指标测量[199]，因此本研究采用荟萃分析（Meta-analysis，又称元分析）方法[104, 200]。

3.2.1　实验总体设计

下文为小气候环境感受评价的整体实验制定了框架与步骤，明确了各项实验的内容和目的，确定了实验时间，并选取了实验基地。

4 大主体实验使用的研究方法包括实测、模拟、问卷访谈和行为记录。其中，小气候环境感受评价研究对应风景园林空间中的小气候环境实测方法，身心感受评价研究对应生理感受模拟和实测方法以及心理感受主观评价方法，行为活动研究对应使用者行为活动的观测记录方法。

3.2.1.1　实验框架

研究选择在沪杭中心城区高密度住区的风景园林空间展开户外实地监测实验，分析使用人群每日频繁活动的空间在四季中分别拥有的小气候环境特征及其与使用者感受之间的关系。

本研究的基本框架分为 3 个步骤，如图 3.1 所示，分别由 4 项主体实验构成。

实验一，小气候环境实验。将小气候环境的热、风、湿 3 个子环境作为客观的人体物理刺激对象，进行实测。将测得的小气候环境数据进行日间和季节间比较，并对热、风、湿环境的各影响因子进行相关性分析，以期得出小气候环境的内部作用机制和整体评价结果。

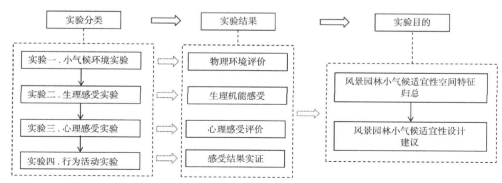

图 3.1　风景园林感受主体实验框架

实验二，生理感受实验。一方面，使用热舒适指标生理等效温度模拟计算小气候环境的生理感受结果。另一方面，通过无线生理传感器的使用，对人体在移动中所作出的机能反应进行实时监控。具体方法为安排受试者随身佩戴生理监测仪器，在实验空间内完成日常行为活动，仪器实时监测受试者在活动过程中的本能生理机能反应。所得结果用于求证不同的空间与环境对个体造成的生理感受影响。

实验三，心理感受实验。使用传统的主观问卷访谈形式，向风景园林空间的使用者发放感受问卷，同时进行访谈交流。实验记录不同人群在空间使用中的实际感受体验，分析心理感受和风景园林小气候环境间的影响关系，对比生理等效温度结果与实际人群使用感受之间可能存在的差异。

实验四，行为活动实验。在心理感受实验进行的同时，安排专人观测并使用数码仪器记录活动人群的实际活动和行为轨迹。观测记录使用者的数量、年龄、性别、活动时长和活动内容等，以便交叉检验基于实际感受的空间环境综合体验。

该4项实验旨在总结统计数据结果，综合得出四季优选的风景园林空间特征，并为城市风景园林空间季节性小气候适宜性设计提供量化基础，以便给出合理的策略建议。

3.2.1.2 实验时间

本研究采用气象学中的物候法划分四季，以5天为一候。候平均气温高于22℃时，夏季开始；候平均气温低于10℃时，冬季开始。冬季至夏季的过渡期为春季，夏季到冬季的过渡期为秋季。研究在适宜大部分人活动的天气条件下，选取各季节中的典型气象日进行实验。本研究的测试多安排在晴天或多云天气，考虑到实验地点气候多雨湿润，偶发的阵雨天气也被纳入实验的时间范围。总结历史天气发现，由于沪杭春秋季节短且伴随大量雨水，导致两季实验日数量不足，因此正式实验将春秋季的数据合并，统一称为过渡季进行分析。

3.2.1.3 实验基地

本实验住区的选取条件有：高密度人居环境内的高层围合式住宅小区、相当规模的中心花园、风景园林空间种类丰富、业态成熟、户外公共空间长期有较多的活动人群。高密度住区是指拥有较高人口密度、功能密度、活动密度及住宅容积率的居住区，是最具沪杭代表性的聚居模式。为保证实测试验的顺利进行，本研究在沪杭住宅小区和公共绿地共2689个样本中筛选出约30个风景园林空间，逐一进行走访调查，结合实验要求和空间实际情况，筛选出具有代表性的3个风景园林空间：SVA·世博花园、瑞虹新城一期、新陆花苑（图3.2）作为实验基地。同时，为验证实验结论的普遍性，后期特选取4个与实验空间类似的环杭州西湖风景园林空间，使用同种方法与技术手段来检验研究结论的可推广价值。各风景园林空间位置与概况详见图3.2和表3.1。

①SVA·世博花园
②新陆花苑
③瑞虹新城一期

④音乐喷泉
⑤长桥公园
⑥望山桥
⑦平湖秋月

图 3.2　实验地点位置分布图

各实验地点概况表　　　　　　　　　　　　　　　　表 3.1

序号	实验空间	地理位置	水域面积（m²）	硬地面积（m²）	绿化面积（m²）	绿化率（%）
1	SVA·世博花园	121.491E，31.268N	1080	20200	11450	35
2	瑞虹新城一期	121.495E，31.263N	220	14050	9100	38.97
3	新陆花苑	121.493E，31.267N	3050	10350	5750	30
4	音乐喷泉	120.167E，30.240N	2450	2500	960	27.75
5	长桥公园	120.161E，30.238N	3000	1950	1130	36.69
6	望山桥	120.146E，30.245N	12000	2600	3600	58.06
7	平湖秋月	120.152E，30.258N	2680	1650	890	35.04

　　确定实验基地后，需要对人群频繁活动的风景园林空间类型进行进一步筛选。本研究在风景园林空间的筛选过程中，遵循人与自然和谐共存的原则[197]。所选空间均拥有广场、水体、草坪、构筑物、道路等多种风景园林空间要素。住区人群普遍选择远离场地主要出入口与机动车行驶路线范围的空间开展日常活动，以满足基本的安全性需求。介于此，本研究的空间对象排除小区内部的主要交通空间，选取人群自发主动停留并进行休憩性活动的场所。同时进一步排除住区内的宅旁绿地、宅间绿地、道路绿地等休憩人群活动率较低的空间。在多类风景园林休憩活动空间中，研究将对空间范围基本锁定为高层建筑环绕的中心绿地，即小区的中心花园。

　　城市高密度住区多会在安静安全的内部开敞区域设计可供集体活动的大型硬质地面，周边配备若干独立的小型活动场所。大型的开敞式或半开敞式空间可满足聚集性活动需求，小型的活动场所则分别用来满足人群不同的活动需求。实验住区的风景园林空间基本分为儿童活动空间、专项运动空间、集会空间、私密交流空间和休闲空间等等。根据对实验地点风景园林户外空间的进一步分类，研究决定依照空间围合程度将风景园林空间归类为开敞、半开敞、半封闭、封闭 4 类空间。4 类空间的形态特征和实地图片详见表 3.2。住区常见的风景园林要素，在围合面中分别表现为：顶面的人工和自然遮阳设备；立面的植被、建 / 构筑物、室外家具等；底面的各类人工铺装、草坪地被、水体等。表 3.3 为各类型空间列出了空间结构特征和可能对其造成影响的主要小气候因子。

风景园林空间分类 表 3.2

空间类型	底面材质	立面围合	顶面围合	模型图例	实地照片举例
开敞空间	硬质	半开敞	半覆盖（自然围合）		
半开敞空间	软硬结合	开敞	无覆盖（自然围合）		
半封闭空间	硬质	半开敞	全覆盖（人工围合）		
封闭空间	软硬结合	全封闭（自然围合）	半覆盖（自然围合）		

各风景园林空间结构特征 表 3.3

空间类型	空间结构特征				
	空间方位	遮阴条件	铺装物	水体	植被
开敞空间	集中型	无覆盖	水泥	无	乔+草
半开敞空间	环型	半覆盖	花砖铺地+绿地	有	乔+灌+草
半封闭空间	一字型	全覆盖	水泥	无	灌+草
封闭空间	集中型	半覆盖	塑胶软垫	无	乔+灌+草
小气候影响要素	热、风	热、湿	热、风、湿	热、湿	风、湿

3.2.2 小气候环境实验方法

小气候环境实测实验使用便携式气象站（Watchdog 2000），每 10 分钟自记一次小气候因子数值。实验采集包括春秋季、夏季、冬季在内的全年气象数据，保证每季至少 72 小时的连续数据。对采集的数据使用统计产品与服务解决方案（SPSS）和 Excel 软件进行回归分析，分析内容包括各风景园林空间小气候因子日变化规律和季节性变化规律以及各气象因子之间的内在关系。值得提出的是，实验总结的是 4 种同类空间的小气候因子变化规律，而非各地域之间的小气候差异。

3.2.3　生理感受实验方法

生理感受实验选取身体健康的年轻人群为实验对象，男女比例相当。实验前一天确保受试者得到充分的休息，实验前受试者需静坐半小时，保持身体状态平稳。实验时，受试者携带生理仪器在风景园林空间内步行一圈，步行过程中在每类空间的停留时间不少于 3 分钟，总用时约为 15 分钟。每位受试者共完成 3 轮测验，研究取 3 轮的平均值进行结果分析。实验仪器采用北京神州津发科技有限公司生产的 PsyLAB 无限传感器的生理类传感器。

3.2.4　心理感受实验方法

心理感受实验的主观问卷、访谈调研与物理感受实验同步进行。心理感受问卷通过人体主观舒适感受分级投票，收集受访者的实际热感觉投票（ASV）、热舒适投票（TCV）、风感觉投票（WSV）、湿感觉投票（HSV）、热风湿偏好投票等指标，与物理实验和生理实验结果生理等效温度进行交叉验证，以求获得各季度的理想风景园林空间形态与气候环境条件。

3.2.4.1　受试对象

2010 年联合国世界卫生组织发布的《关于身体活动有益健康的全球建议》（*Global recommendations on physical activity for health*）明确提出按照实际身体情况，建议把人群划分为 3 个的年龄段，分别是：5~17 岁的儿童和青少年、18~64 岁的成人、65 岁以上的成人[201]。本研究以此为依据划分心理感受实验受访者的年龄层。调研由工作人员协助受访者完成，在气象站有效覆盖范围内填写，每份问卷用时约 10 分钟，包括初步介绍和问题解释。对于无法自行填写问卷的老人和幼儿，由工作人员提问并代为填写。

3.2.4.2　问卷设计

本问卷的内容主要包括：（1）使用者的基本信息：性别、年龄、原住地、本地居住时长、过去一小时内的主要活动方式、从事行业、生理及心理健康状况。（2）使用者的主观热舒适感受：对气温、风力、日照、潮湿度、即时天气总体状况作出的舒适性评价。热环境舒适评价采用美国供暖、制冷和空调工程师协会 7 点热感觉投票。（3）热、风、湿环境的偏好选择。热偏好采用麦金泰尔（McIntyre）5 级偏好尺，并统计受访者的遮阳偏好、风力偏好、湿度偏好。（4）对小气候环境的整体接受程度。

3.2.5 行为活动实验方法

在进行主观问卷访谈的同时，实验人员对住区风景园林空间使用者展开行为观测记录，根据人群的实际活动，验证生理等效温度、实际热感觉投票与现实评价的差异。行为活动实验安排专门的工作人员在测试场地内对自主休憩的人群进行数量、性别、年龄、活动时长和活动内容统计，同时配合表格记录，并使用相机和摄像机拍摄视频照片档案，追踪分析使用者的空间选择和活动规律，记录时间间隔和气象站自记频率保持一致。为掌握城市居住小区风景园林空间的实际使用状况，调查记录采用隐蔽式观察，不干扰使用者的行为活动内容、节奏和范围。

3.3 主要评价指标选取和分析

根据文献研究的初步结果，各项实验待明确的主要评价因子或指标拟从以下各项中遴选：（1）小气候环境评价研究中热环境的太阳辐射因子、空气温度因子、地表温度因子；风环境中的风量、风速、风向；湿环境的空气相对湿度、降水量；（2）生理感受评价研究中的皮肤温度、心率变异性、新陈代谢率、脑电波、肌电、排汗率；（3）心理感受实验中的热舒适投票和热感觉投票；（4）行为活动评价研究中的活动时间、活动地点和活动方式。

研究在实验初期（2015 年 2 月），为正式的长期实验进行了预实验。预实验主要目的是为排除各项实验因素中的非主导因素干扰，确定各项研究的主要评价指标；调试各类设备仪器，确保所得数据的准确性和精确度；验证各项实验设计与研究方法的可行性和可靠度。

3.3.1 小气候环境主要评价指标选取

本书第 1 章已对小气候的组成因子进行了详细说明（图 1.2），但在预实验过程中，实验人员发现，各小气候因子对环境的影响效果差别较大。因此，在正式实验开始前，研究先通过预实验对小气候的热、风、湿环境的各组成因子分别进行了影响力分析，发现影响小气候环境的主要因子可被锁定为太阳辐射因子、空气温度因子、阵风风速因子与空气相对湿度因子。下文是对主要影响因子提炼过程的说明。

3.3.1.1 热环境主要因子选择

众多针对热环境、热舒适的实验发现，太阳辐射和空气温度是影响热环境变化的重要原因。例如，尼科洛普奇等[202]在欧洲国家对将近 1 万人进行的问卷和实测研究，证明空气温度和太阳辐射是决定热舒适的主要因素。

本项目所使用的实验仪器可测得的热环境指标有太阳辐射、空气温度、地表温度。由于地表温度随地面铺装材质变化的幅度较大，并且在测量过程中较难保持固定位置，无法精确反映地表温度。因此排除该项热因子对人类感受的影响，以太阳辐射和空气温度因子为本次研究的热环境主要影响因子。

3.3.1.2　风环境主要因子选择

风环境指标包括风力、风向和风速，其中风速包含平均风速和阵风风速。它是小气候环境中变化幅度最大，最复杂的一类。

（1）风量和风速

预实验各空间风总量比较图（图 3.3）显示封闭空间的风总量最大，半封闭空间最小。从平均风速变化图（图 3.4）中可见，每类空间都出现了瞬时风速骤增骤减的情况。总的来说，开敞空间的风量较封闭空间大；风速最大值出现频率最高的空间为封闭空间，其次是开敞空间；数值变化幅度最大的也是封闭空间；半封闭空间

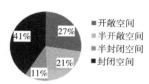

图 3.3　预实验各风景园林空间风总量比较图

的风速变化相对平稳。初步归纳，住区风景园林空间的风多以阵风形式出现，无固定持续的来风，各空间内部位于空间开口处的风量最大。

预实验测试日阵风风速均小于 3 级，阵风风速图（图 3.5）记录显示，自零点至日落期间，各曲线在小频波动中共时稳步提升，在午间时分到达峰值，继而回落。日落后，全区风速出现大幅波动，夜间风速变化大大高于日间。总体而言，阵风风速因子的可辨识度和规律性比平均风速更鲜明可观。且众多研究发现，阵风风速对人体的影响大于平均风速，影响人体舒适感受的风环境因子主要是人体在空间内瞬间感受到的阵风风速，而非长时段内的平均风速。阵风风速可有效影响短时心理舒适感，甚至形成对特定空间的长时记忆，彻底改变个体的空间感受。因此在风速因子中选择阵风风速为主要因子。

（2）风向

风景园林空间内部风向具有变化复杂、难捕捉和不可预知的特点。从城市气象站发布的官方风向数据可知，预实验测试日期间的城市主导风向皆为偏北风。但实验小区各空间实际

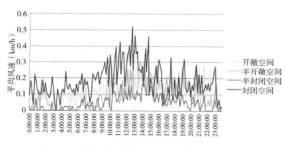

图 3.4　预实验风景园林空间平均风速变化图

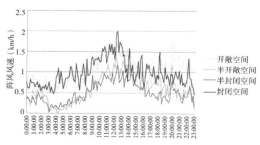

图 3.5　预实验风景园林空间阵风风速变化图

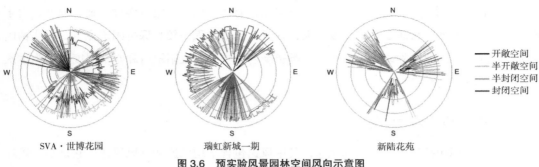

| SVA·世博花园 | 瑞虹新城一期 | 新陆花苑 |

开敞空间
半开敞空间
半封闭空间
封闭空间

图 3.6　预实验风景园林空间风向示意图

测得的风向数据结果（图 3.6）显示各风景园林空间内部的风向变化各异，主次不明，无固定持续方向来风，较难进行分析主风向，尚未发现规律。因此风向因子不在本研究考虑范围之内。

3.3.1.3　湿环境主要因子选择

空气相对湿度、大气压强、降水量是湿环境的 3 项测量指标。由于研究面向室外活动，选择晴天或多云天气作为测试日，因此降水量因子不在考虑范围之内，排除该项指标。预实验发现大气压强的测量结果差异不显著，各空间气压最大值 1035.6hPa 和最小值 1028.2hPa 的差值仅 7.4hPa，过小的差异无法保证量化研究的精确性。因此选择空气相对湿度为湿环境评价的主要评价指标。

3.3.2　生理感受主要评价指标选取

3.3.2.1　热指标选取

预实验对热感受评价指标的优化选取基于表 1.5，比较众多指标，发现已有风景园林户外实验使用量最高的几项热舒适感受评价指标是预测平均投票数（PMV）、生理等效温度（PET）、新标准有效温度（SET*）。预实验拟在该 3 类指标中选取最适合本研究且最接近实际感受的一项作为评价指标。

3 类指标均可使用 RayMan 模型（图 3.7）进行预测。RayMan 模型是德国弗莱堡大学气象学院安德烈亚斯·马扎拉基斯（Andreas Matzarakis）教授[203-204] 研发的辐射和生物气候模型。计算热指标时需输入：基本信息（日期时间、地理位置、海拔）、气象参数（空气温度、相对湿度、风速、云量、地表温度、辐射量）、人体生理参数（衣着、活动水平）等数据，即可获取生理等效温度、预测平均投票数、新标准有效温度等热指标结果。

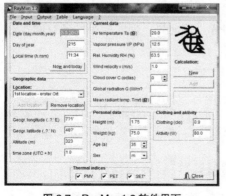

图 3.7　RayMan1.2 软件界面

（1）生理等效温度（PET）

近年来，户外热舒适实验中广泛应用的，适合复杂遮阳状况下城市户外环境研究的生理等效温度是霍佩（Höppe）[205]从慕尼黑模型（Munich Energy Balance Model for Individuals，MEMI-model）发展而来的热指标[153, 206-208]。其定义为在室内环境中，当核心温度与皮肤温度与在实际环境相同，且保持相同的热平衡状态时，该等温环境的空气温度。生理等效温度是在给定环境条件下以真实环境的热流量和人体温度、皮肤温度、出汗率、体内温度和皮肤温度模拟得出的函数。生理等效温度计算中还需用到的平均辐射温度（T_{mrt}），能有效反映人体受到太阳直接短波辐射和周围材料间接长波辐射的整体状况，其计算公式[209]如下：

$$T_{mrt} = [(T_g+273)4+2.5]\times 108 \times V0.6(T_g-T_a)1/4-273 \tag{3.1}$$

其中 T_g 为黑球温度，T_a 为空气温度，V 为风速。

基于李昆明（K. Li）等[210]的研究，表 3.4 是 2000 年后运用生理等效温度评估的一系列研究成果整理，反映了全球各地区对舒适程度的不同需求。

不同地区的生理等效温度中性温度范围　　　　表 3.4

年份	文献	国家城市	实验场地	生理等效温度 /℃
2016	Salata, et al.[211]	意大利罗马	公园	24.9~26.9
2015	Wang, et al.[137]	荷兰格罗宁根	校园	22.2
2015	Chen, et al.[212]	中国上海	公园	15~29
2015	Silva, et al.[213]	巴西维多利亚	半开敞区	22~30
2014	Lai, et al.[214]	中国天津	公园	11~24
2013	Yahia, et al.[215]	叙利亚大马士革	住区、公园	21.002~31.302
2013	Cohen, et al.[216]	以色列特拉维夫	公园	20~25
2013	Lin, et al.[217]	中国嘉义	公园	26~30
2012	Cheng[218]	中国香港	校园	12~32
2012	Kántor[219]	匈牙利赛格德	开敞空间	≥ 29
2011	Mahmoud.[220]	埃及开罗	公园	26.5~27.4
2009	Lin[221]	中国台中	开敞空间	21.3~28.5
2005	叶晓江[116]	中国上海	室内	14.7~29.8
2003	Spagnolo, et al.[222]	澳大利亚悉尼	街道	22.9~28.8

（2）预测平均投票数（PMV）

预测平均投票数热舒适方程由范格尔[223]根据受试者对热感觉投票表决，通过回归方程提出，反映了同一环境下绝大多数人的冷热感觉，可用于热环境情况的基本判定。该方程描述了给定热环境下，人体处于一定运动水平时的实际散热量和达到最佳舒适（热中性）所需的散热量的差值。预测平均投票数（PMV）计算方程表示为：

$$PMV = (0.303 \times \exp(-0.036M) + 0.0275)Q \tag{3.2}$$

其中 M：人体新陈代谢率，Q：热舒适系统的能量传输率，由人体热平衡方程得出。

对应的预测平均投票数热感觉 7 点标尺可查阅表 1.4。除根据相关因素进行实测和计算预测平均投票数值之外，舒适仪（Thermal Comfort Meter）也可以根据室温、风速、气温、相对湿度、活动状况和衣着情况测出该环境的预测平均投票数值，同时还可以读取预测不满意百分比值[224]。

但在进行室外小气候评价时，单一采用预测平均投票数对应的方法值得商榷。许多现场实验发现，在预测平均投票数至远超"+3"的环境下，受试者仍可以接受舒适的评价。究其原因，发现不完全源于个人历史记忆或对环境的预期，而是与预测平均投票数计算公式中假定人体保持热舒适条件下计算人体的平均皮肤温度和出汗率造成的潜热散热有关，因此当偏离热舒适较大的情况下，预测平均投票数预测值存在一定偏差。

（3）标准有效温度（SET）

标准有效温度的定义为身着标准服装的人处于相对湿度 50%，空气近似静止，空气温度与平均辐射温度相同的环境中，若此时的平均皮肤温度和皮肤湿度与某一实际环境和实际服装热阻条件相同，则人体在标准环境和实际环境中会有相同的散热量，此时标准环境的空气温度就是实际所处环境的标准有效温度[36]。适用范围为室内及室外自然通风环境，以及未发生寒颤的温度范围。

标准有效温度有 6 个影响因素，其中空气温度、相对湿度、平均辐射温度和空气速度为物理环境影响因素，由人所处的物理环境决定；人体新陈代谢率和服装热阻因素为人体自身的影响因素，受人体的运动状态及穿着而定。新陈代谢率可用 ISO 7243 WBGT 阈值计算得出，为更直观方便地对照使用数据，专家学者和科研机构详细列出了多种活动中的成人新陈代谢率表[225-227]（表 3.5）。服装热阻可从美国采暖制冷与空调工程师协会标准 55-2005[228]（表 3.6）查取。

由盖奇、安德里斯（Andris Auliciems）和史蒂文（Steven V. Szokolay）等[229-230]建立的标准有效温度与热感觉 / 热舒适的对应关系，是被广为接受的一种热舒适评价表（表 3.7）。人体感觉舒适且可接受的范围在预测平均投票数位于 –0.5~0.5 之间，即标准有效温度为 22.2~25.6℃。

相比其他热舒适评价指标，标准有效温度的适用范围较为广泛。经过各国学者对其不断发展与完善，标准有效温度对各种服装热阻、新陈代谢率和环境变量的组合都能适用。但它需要计算机来辅助计算皮肤温度和皮肤湿润度，具有一定的复杂性，因此阻碍了它的通用性。

多种活动中的成人代谢率   表 3.5

活动类型	成人代谢率	
	（Wm⁻²）	（met）
睡眠	46	0.8
躺着	46	0.8

续表

活动类型	成人代谢率	
	（Wm⁻²）	（met）
静坐	58.2	1.0
静态活动	70	1.2
在办公室静坐阅读	55	1.0
在办公室打字	65	1.1
站着休息	70	1.2
站着，偶尔走动	123	2.1
站着整理文档	80	1.4
用缝纫机缝衣	105	1.8
修理灯具，做家务	154.6	2.66
炊事	94~115	1.6~2.0
提重物，打包	120	2.1
教学	95	1.6
驾驶载重机	185	3.2
跳交谊舞	140~255	2.4~4.4
体操，训练	174~235	3.0~4.0
打网球	210~270	3.6~4.0
挖坑	380	6.5
步行，0.9m/s	115	2.0
步行，1.2m/s	150	2.6
步行，1.8m/s	220	3.8
跑步，8.5km/h	366	6.29
跑步，15km/h	500	9.5
上楼	707	12.1
下楼	233	4.0

典型的服装热阻值　　　　　　表 3.6

服装种类	热阻值	
	（m²KW⁻¹）	（clo）
短衣	0.009	0.06
T 恤	0.014	0.09
长袖衫	0.039	0.25
长裤	0.039	0.25
毛衣	0.054	0.35
夹克	0.054	0.35
大衣	0.109	0.70

标准有效温度热感觉/舒适对应表　　　　　　　　　　　表 3.7

标准有效温度（℃）	预测平均投票数投票区间	热感觉和热舒适
34.5~37.5	+2~+3	很热，不舒适且非常不能接受
30.0~34.5	+1~+2	热，不舒适且不能接受
25.6~30.0	+0.5~+1	稍热，稍不舒适且轻微不能接受
22.2~25.6	−0.5~+0.5	舒适并令人满意
17.5~22.2	−1~−0.5	稍凉，不舒适且轻微不能接受
14.5~17.5	−2~−1	凉，不舒适且不能接受
10.0~14.5	−3~−2	冷，不舒适且非常不能接受

（4）指标选择

预实验将三类指标计算结果进行对比，见图 3.8、图 3.9。基于前文所述的尼科洛普卢发现的空气温度和太阳辐射是决定热舒适最主要因素的结论，发现生理等效温度指标与实验地区的实际热环境变化状况契合度最高，因此生理感受的评价选取生理等效温度为人感觉衡量指标。

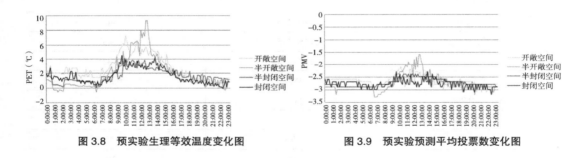

图 3.8　预实验生理等效温度变化图　　　　　　图 3.9　预实验预测平均投票数变化图

3.3.2.2　生理机能评价指标选取

生理感受预实验测试了生理无线传感器所覆盖的皮电、皮温、脉搏、呼吸、心率等指标，结合第一章对生理机能参数人体皮肤温度、心率变异性、新陈代谢率、脑电波、肌电、排汗率的描述。在仪器可获取的各项数据中，寻找主要评价指标。

心电（Electronencephalogram，ECG）记录是指在体表用心电测量电机引导记录完整心脏生物电的过程，它可以反映心脏肌细胞兴奋的产生、传导和恢复过程的生物综合变化过程[231]。心电信号处理之后可以得到心率和心率变异性数据。相关医学研究证明，心率变异性（Heart Rate Variability，HRV）中蕴含着有关心血管调节的重要信息，对心率变异性的分析可以间接定量评价心肌交感、迷走神经紧张性和均衡性，反映自主神经系统的活动情况[232]。换言之，心率变异性的生物学基础可归因于交感神经、迷走神经系统，且迷走神经对其有着决定性作用。低高频比值增加表明迷走神经活动减弱，心率变异性的分析结果可以反映自主神经系统的活动情况。因此，生理学角度的心率变异性可以为人体舒适度的探讨提供重要理论依据。

已有部分研究发现，人体热舒适的自我调控和自主神经系统的控制有关[233]。在特拉维夫的一项关于测量暴露于不同城市环境的人体不适感和心率变异性的关系[234]的研究中，发现在人体健康受到威胁时，心率变异性较低。另有研究者发现，感觉神经传导速度和运动神经传导速度[131]与环境温度、空气流速相关性高；脑电波中的 σ、θ、α、β 波与热感觉投票有相关性[132]；心率、心率变异性、血氧饱和浓度、指尖血流量不仅对环境温度敏感，还可作为评价热舒适和热感觉的生理指标[235]。刘蔚巍[108]的生理参数研究结果表明：（1）不同的生理参数可评价不同的环境；心率变异性和血氧饱和浓度可评价热湿环境；呼吸率可评价新风量；指尖血流量和皮肤电导可结合评价光环境；心率变异性、指尖血流量和呼吸率可结合评价声环境。（2）清醒状态下，可采用生理参数准确评价热舒适和热感觉；心率变异性、心率和呼吸率可用来评价热舒适；血氧饱和度，皮肤电和指间血流量可评价热感觉。心率变异性的频域分析法可用于评估自主神经系统的平衡能力，并可应用于心理负担评估[236-237]和热量刺激分析[238]，它与环境温度、热舒适存在一定相关度，故也适用于生理热适应的研究中。

结合各类生理性的文献综述和实际测得数据的可靠性及精密度，本研究首选影响皮温、呼吸、脉搏的基础人体生理参数——心率变异性作为生理感受实验的重点研究指标。

3.3.3　心理感受主要评价指标选取

心理问卷的设计借鉴已有文献，经过几轮修改后，确定从热感觉、热舒适、热偏好；风感觉、风偏好；日照感觉、日照偏好、遮阳偏好；湿感觉、温偏好；综合气候感受；生理心理活动自我评价等方面，测试受访者对小气候环境的各项感受。

心理感受预实验的主要目的是再次验证问卷设计的合理性，根据受访者对问卷填写过程中可能造成的理解偏差和问卷设计遗漏进行及时的调整增补，使问卷尽可能覆盖绝大部分使用者对风景园林小气候热、风、湿环境的全面体感和切实感受。

3.4　本章小结

在研究气候对人类的影响问题上，区别于其他相关学科，风景园林学主要关注由气候要素和风景园林空间结构形态产生的人体感受。本章旨在拓宽和加深城市风景园林公共空间环境研究的理性认知维度，并关注感性的感受评价过程。风景园林空间环境感受研究是一个庞大的体系，有很多还未成熟的理论和方法。要解决这个问题，还需加强风景园林学和其他学科的合作互补，巩固风景园林小气候感受研究的科学性、综合性和可靠性，从而真正实现对风景园林空间规划和设计的指导作用。

第4章

风景园林物理环境评价研究

外界物理刺激属于"刺激—反应"机制中的"刺激"部分，是形成人体感受的基本原因。对风景园林空间物理环境，即小气候环境的深入研究，是讨论风景园林环境感受评价的第一要务。本章介绍实地开展的第一项主体实验，即小气候环境评价实验。实验采用现场实测方法，在高密度住区典型风景园林空间内，使用小型便携式气象站，以3天为一周期，分季节实时监测风景园林空间小气候各项因子的变化过程。通过具体数值，比较小气候环境因子的相互影响关系，分析各类风景园林空间的小气候环境变化特征，得出环境变化规律。

4.1 研究基础、目的和方法

4.1.1 研究基础

沪杭地属亚热带季风气候带，夏热冬冷区域，冬夏长、春秋短。最冷天气集中在1~2月份，最热时期为7~8月份。虽然已有预实验作基础，但春秋季实验仍遇到了一定的现实阻碍。由于秋季雨水量较大，实测进展断断续续，无法形成连贯整体，因此对春秋季小气候环境的分析以5月份的数据为主。

笔者统计了1997~2016年期间，该地区四季典型月份的城市空气温度、平均风速、空气相对湿度数据，总结了20年的气候季节性变化规律。沪杭城市气候总体表现为夏季炎热、冬季寒冷；夏季空气相对湿度最高，春秋季最低；平均风速冬季最高，春秋季最低。根据气温数据显示，沪杭地区空气温度的最高值、最低值和平均值均表现出微弱的走高趋势。其中空气温度平均上涨了0.66℃，阵风风速平均增加了4.24km/h，空气相对湿度平均下降了7.06%。

4.1.2　研究目的

研究计划通过各小气候因子间的相关性分析，探寻（1）不同空间的气候差异；（2）小气候因子之间的内在关系；（3）不同空间的小气候季间、日间变化规律。

4.1.3　研究方法

研究根据实验地点的空间特征，将气象测量设备按实际情况放置在测试空间中人群活动频繁的位置，对特定测试范围内的微小空间进行全天候、不间断的实时测量和记录。具体使用的测量设备和测点安排在下节进行详细阐释。

4.2　实验设计

4.2.1　实测对象

本实验实测对象包括关键小气候因子与风景园林空间类型。小气候因子包括太阳辐射（S）、空气温度（T_a）、阵风风速（V）、空气相对湿度（RH）等；风景园林空间类型包括开敞空间、半开敞空间、半封闭空间、封闭空间。

4.2.2　实验时间

实验在适宜大部分人群活动的天气条件下进行，特选各季节典型气象日的晴朗或多云天气。将春季与秋季的数据合并为春秋季进行统计分析。夏季选择炎热高温日作为实验时间，由于时间紧、机器数量不足等原因，夏季实际实验期间出现了部分的短时降雨天气，但降雨并未引起人群感受与活动的明显变化，因此该段时间仍被视为有效数据。物理环境实测时间从 2015 年 2 月延续到 2016 年 5 月。从每季度第一个测试日的 7：00 开始，使用仪器进行至少 72 小时的不间断自动记录。剔除无效数据监测时间，具体实验时间安排详见表 4.1。

实测时间安排　　　　　　　　　　　表 4.1

实验小区	春秋季实测时间	夏季实测时间	冬季实测时间
瑞虹新城一期	2016.5.10–12	2015.8.20–23	2015.2.2–4
SVA·世博花园	2016.5.18–20	2015.8.13–16	2016.1.7–9

实验小区	春秋季实测时间	夏季实测时间	冬季实测时间
新陆花苑	2016.5.4–8	2015.8.16–19	2015.12.24–25；2015.12.27–28
杭州西湖	—	2020.9.2–8	

4.2.3 实验设备和测点布置

研究采用的测试仪器为美国光谱科技有限公司（Spectrum Technologies，In）生产的便携式气象站（Watchdog 2000）系列（图4.1）。实验在世界气象组织规定的气象测定要求基础上，综合考虑仪器特性和实验需求，将仪器放置在距离地面1.5m处。该高度与大部分使用者对小气候环境的感受高度一致。仪器自动测量时间间隔设为10分钟，测试参数及具体性能参见表4.2。

Watchdog 气象站测试参数一览表　　　　　　　　　　　表4.2

物理环境	测试参数	测试范围	测试精度
热环境	太阳辐射	0~1500wat/m²	±5%
	空气温度	–32~100℃	±0.6℃
	地表温度	–32~100℃	±0.6℃
	露点温度	–32~100℃	±0.6℃
风环境	平均风速	0~241km/h	±5%
	风向	0~360°	±4°
	阵风风速	0~241km/h	±5%
湿环境	相对湿度	10%~100%（5~50℃时）	±3%
	降水量	mm	±0.6
	大气压强	mm–Hg	±5%

图4.1 工作中的便携式气象站

实验采取定点观测的方法，在人群活动密集的开敞空间、半开敞空间、半封闭空间、封闭空间场地内同时放置便携式气象站。其中SVA·世博花园14台、瑞虹新城一期12台、新陆花苑11台和杭州西湖4台。各空间的仪器具体安排详见表4.3，各小区测点布置图和测点周边环境详见图4.2~图4.5。实验地区的风景园林空间组成元素特征概括为：开敞空间是以大面积硬质铺装为主的小型集会广场；半开敞空间以大面积水体为中心，周边环绕步行道和多类型植被；半封闭空间顶层以人工或自然元素覆盖，四周立面开敞，以亭廊为主要表现形式；封闭空间围绕乔灌草多层次多种类植被，顶部被植被半覆盖，以集中式花园为主要形式。

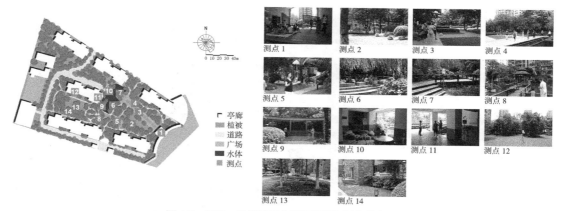

图 4.2　SVA·世博花园小区平面图与测点分布图

图 4.3　瑞虹新城一期小区平面图与测点分布图

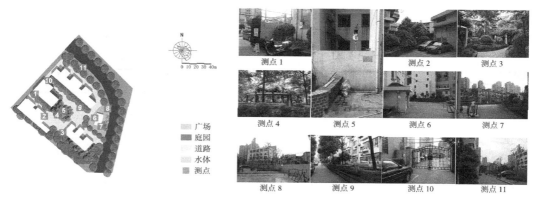

图 4.4　新陆花苑小区平面图与测点分布图

图 4.5　西湖测点平面图与现场照片

4.3　研究结果

小气候数据实测实验共采集了 1576 套包括太阳辐射、空气温度、平均风速、空气湿度在内的气象数据，含春秋季 588 套、夏季 588 套、冬季 580 套。笔者按热环境、风环境和湿环境的分类，从各空间的小气候总体变化曲线，平均值、极值、总值比较，上升期、高峰期和下降期比较等方面总结各季节小气候变化的空间差异。

4.3.1　春秋季实测结果

春秋季测试日期间，城市气象局发布的城市历史天气情况见表 4.3[239]。实验在 2016 年 5 月 4 日 0：00~2016 年 5 月 12 日 24：00 期间，收集了 3 个对象小区内各风景园林空间的热环境（太阳辐射和空气温度）、风环境（阵风风速）及湿环境（空气相对湿度）实测数据，统计结果如下。

2016 年春秋季城市历史天气情况　　　　　　　　　　　　　　　表 4.3

日期	天气情况	气温（℃）	风向	风速
2016/5/4	晴－阴	20~29	东北风	小于 3 级
2016/5/6	多云	16~22	东南风	小于 3 级
2016/5/8	小雨－阵雨	16~20	东北风	小于 3 级
2016/5/10	小雨－多云	15~19	东南风	小于 3 级
2016/5/11	晴	17~25	东北风	小于 3 级
2016/5/12	晴	19~28	东南风	小于 3 级

（1）春秋季热环境实测结果

①太阳辐射

测试日期间，上海平均日出时间为 5：03，日落时间为 18：40。实测结果显示，各空间平均太阳辐射出现时间为 5：10，消失时间为 19：00，实测的太阳辐射起止时间比官方公布的日出日落时间晚 10~20 分钟。开敞空间的太阳辐射出现时间较其他空间早约 10 分钟，开敞空间和半封闭空间太阳辐射消逝时间较另两者晚 10 分钟。而春秋季实验时期，由于受周边建筑、植被等的不同影响，4 类空间内部的太阳直射时间具有较大差异。开敞空间接受太阳直射的时段约为 7：30~17：30；半开敞空间约为 8：00~15：30；半封闭空间约为 7：30~10：00 和 16：00~17：30；封闭空间则约为 7：30~15：00。尽管时间与时长均不同，但当各区处于阳光直射范围内时，太阳辐射曲线均位于各空间曲线的峰值位置。因此，可以证明太阳辐射值和阳光直射状态具有共时变化的特点。

春秋季太阳辐射的日变化见图 4.6。如图所示，日出后，各空间太阳辐射曲线变化表现各异。开敞空间的太阳辐射曲线呈现单峰状，峰值最高，且早晚波动幅度大、变化速度快。半开敞空间曲线的高峰段维持时间最长，昼间出现多波段，但总体表现平稳。半封闭空间 24 小时受顶部构筑物遮挡，

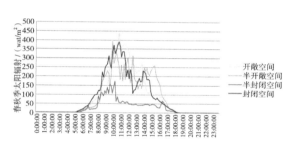

图 4.6　春秋季风景园林空间太阳辐射日变化图

全天太阳辐射值保持最低。由于早晚阳光直射时间短，照射面积少，半封闭空间太阳辐射值在晨间呈缓慢提升状；当太阳高度角进入建筑遮挡范围后，曲线骤降，该低位数值一直维持到日落。封闭空间太阳辐射值上浮最早，升幅最大，但由于受到周边高层建筑及植被的双重影响，变化幅度也最剧烈。

从平均值、峰值、总值三方面对比各区太阳辐射值。平均值排序为开敞空间 82.43wat/m² ＞封闭空间 79.24wat/m² ＞半开敞空间 78.15wat/m² ＞半封闭空间 26.71wat/m²。前 3 者差别不大，半封闭空间由于是唯一顶层完全封闭的空间，太阳辐射值明显处于低位，只为开敞空间的约 1/3。春秋季太阳辐射最高峰值出现在开敞空间，其次为半开敞空间，封闭空间低前者 3wat/m²，半封闭空间太阳辐射峰值最低。各曲线最高峰值与平均值相似，开敞空间、半开敞空间、封闭空间数值相近，半封闭空间则明显低于前三者。太阳辐射总值比较可见，开敞空间总值最高为 11870wat/m²，封闭空间总值第二为 11410wat/m²，半开敞空间为 11254wat/m²，半封闭空间约为前三者的 1/3，为 3846wat/m²。综上所述，开敞空间各类比值均为最大，受水体和植被影响的半开敞空间和封闭空间居中，半封闭空间各类比值均为最低。

太阳辐射曲线变化阶段可分上升期、高峰期和下降期 3 个阶段。5：10 太阳辐射出现后，各空间太阳辐射曲线逐渐提升。7：00~8：50 期间，各曲线先后骤升。封闭空间曲线首先在

7:00之前跟随太阳直射开始爬升，8:40之后进入高峰时段；半封闭空间曲线随后在7:50开始攀升，8:10后进入高峰状态；半开敞空间曲线上升较晚，8:20后出现强劲攀升，9:20后进入全日高峰时段；开敞空间曲线上升时间最晚，但上升幅度最大，8:50起曲线迅速上扬在9:30进入高峰段，上升状态一直持续至10:50。各曲线高峰时段持续时长分别为半封闭空间9小时（8:10~17:10），半开敞空间6小时（9:20~15:20），封闭空间5.6小时（8:40~14:20），开敞空间4.3小时（9:30~13:50）。各曲线在13:50后纷纷回落，进入下降期。开敞空间曲线首先在13:50开始骤降；封闭空间曲线14:20开始连续下降至19:00的0wat/m^2；由于受到西侧相邻的建筑物遮挡，半开敞空间曲线跌幅最大，历时最短，从15:20开始1.5个小时内完成了高达253.3wat/m^{2}的降幅；半封闭空间曲线是最后开始回落的曲线，17:10开始缓慢回落到0值。

总体分析，春秋季典型气象日中，开敞空间、半开敞空间、封闭空间日间主要活动时段的太阳辐射值均大于200wat/m^2，且共同表现出早晚大幅起落的特征。半封闭空间的顶部覆盖遮挡了大部分太阳直射热，曲线维持低位变化，太阳辐射值全日波动最为平稳。

②空气温度

各空间空气温度日变化见图4.7。图上的四类空间可明显分为两组，第一组为开敞空间和封闭空间，第二组为半开敞空间和半封闭空间。究其原因，与各空间在平面布局上的实际空间距离与朝向有关，开敞空间和封闭空间相邻，半开敞空间和半封闭空间相邻。气温变化图中两组数值差距明显，但组内数据相近，呈胶着发展状态。全天第一组空间的平均气温从0点开始持续高于第二组空间约1.5℃，该温差约保持了19个小时。另外，两组数值在日出前后出现了2.04℃的共时最大差值，随后全区气温回升并缓慢接近，直至11:30左右，全区共时温差为0℃。这与测试日相应时段发生阵雨天气有关，短时风雨带来的气温下降影响了部分空间的气象环境。13:10雨停后放晴，第一组空间的气温随之突然拔高，快速回升到曲线最高点。两组空间的温差再度拉开，至14:20达到第二个共时最大差2.37℃，随后所有曲线回落并在19:00归为同一温值，分组现象消失。春秋季全日最高温出现在14:30前后。住区户外空间虽小，但仍存在局部共时温差，最大温差可达2.37℃。

（2）春秋季风环境实测结果

春秋季测试日平均城市风速均小于3级，各风景园林空间测点所得的阵风风速数据（图4.8）归总可见，全区全天阵风风速总体走势为日间高，晚间低，在大幅波荡中呈缓慢匀速变化状态。

对各空间阵风风速的平均值、极值、总值比较结果显示：开敞空间、半封闭空间、封闭空间曲线的变化规律基本一致，且平均值接近，全天均在1.0m/s上下浮动。半开敞空间曲线自日落前0.5小时开始，一直处于低位震荡，该趋势持续至日出，其整体风速均值约低于其他空间0.13m/s。阵风风速最大值出现在半封闭空间（1.85m/s），最小值出现在半开敞

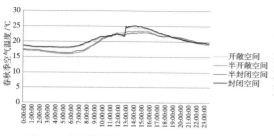

图 4.7　春秋季风景园林空间空气温度日变化图

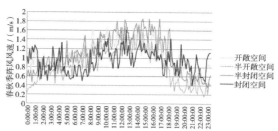

图 4.8　春秋季风景园林空间阵风风速日变化图

空间（0.15m/s）。开敞空间曲线的总风量和平均值均为最大，半开敞空间的总风量和平均值都是最低。

各空间阵风风速变化曲线对比发现：开敞空间阵风风速变化较为温和，平均阵风风速最大为 1.10m/s；半封闭空间阵风风速变化规律与开敞空间相近，但昼夜差值较开敞空间大 0.17m/s；半开敞空间风速平均值同比最低，夜间风速明显小于另三类空间，最小风速低至 0.15m/s；封闭空间曲线变化平稳，昼夜差值最小。

结合各空间阵风风速差异和空间结构特性，发现空间立面围合物种类越多、围合状态越复杂，空间内部风速越低。同时，近地面风速与铺装材质也存在一定关系：铺装材料多为硬质的开敞空间和半封闭空间风速偏大，可见春秋季硬质铺地的空间有利于空气快速流动。以草坪为主的封闭空间风速位列第二，推测软质铺地会减缓近地面空气流速。结合草坪、水面、硬质石材等多种铺装的半开敞空间风速最低，预估地面界面越复杂，阻力越大，空气流速越慢。

（3）春秋季湿环境实测结果

湿环境实验关注空气相对湿度因子。图 4.9 显示，春秋季风景园林空间空气相对湿度呈全天共时变化：日出后全区数值同时下降；14：30 太阳辐射达到最大时，各区湿度同处最低谷值；之后，各数值反弹回升。

根据图示，全区空气相对湿度变化可参照空气温度变化规律，也分为 2 组比较，分组状况相同。开敞空间和封闭空间为一组，17：30 前一直处于低位发展，17：30 太阳辐射余威减弱后，快速上升进入高位。数据记录过程中，图 4.9 中 13：00 的数值突变为短时阵雨所致，与气温突变原因一致。半开敞空间和半封闭空间的另一组，变化同步，变速和缓。四者最大差别在于 3：00~7：00 日出后至太阳辐射出现时段，该时段中半开敞空间的空气相对湿度最高，半封闭空间的空气相对湿度位于第二，开敞空间和封闭空间并居第三。

全天空气相对湿度最高值出现在 0：50，为半开敞空间的 84.08%，最低值出现在 14：20，为封闭空间的 42.43%。春秋

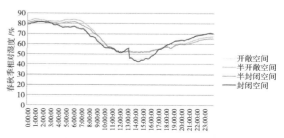

图 4.9　春秋季风景园林空间空气相对湿度日变化图

季全天平均相对湿度值排序为半开敞空间 66.63% ＞半封闭空间 65.65% ＞开敞空间 64.91%
＞封闭空间 64.49%。

与空气温度因子对比可以发现，4 类空间的相对湿度数值和空气温度呈反比，空气温度
越高，相对湿度越低，相反亦然。

4.3.2　夏季实测结果

夏季测试日城市历史气象情况见表 4.4。实验在 2015 年 8 月 13 日 9：00~2015 年 8 月 23
日 9：00 期间，对各风景园林空间的热环境（太阳辐射和空气温度）、风环境（阵风风速）及
湿环境（空气相对湿度）进行的实测实验结果表述如下。

夏季城市历史气象情况表　　　　　　　　　　　　　　　表 4.4

日期	天气情况	气温（℃）	风向	风速
2015/8/13	多云	26~33	东南风 – 南风	小于 3 级
2015/8/14	多云	25~33	东南风 – 南风	小于 3 级
2015/8/15	阴	26~32	东南风 – 南风	小于 3 级
2015/8/16	阵雨 – 多云	27~31	东南风 – 南风	小于 3 级
2015/8/17	多云	25~32	东南风 – 东风	小于 3 级
2015/8/18	多云	26~32	东南风 – 东风	小于 3 级
2015/8/19	多云	26~32	东南风 – 东风	小于 3 级
2015/8/20	雷阵雨 – 中雨	25~33	东南风 – 东风	小于 3 级
2015/8/21	阵雨	24~29	东南风 – 东风	小于 3 级
2015/8/22	中雨 – 阵雨	24~27	东南风 – 东风	小于 3 级
2015/8/23	大雨 – 小雨	23~25	东南风 – 东风	小于 3 级
2020/9/2	晴	26~33	西北风	小于 3 级
2020/9/3	晴	22~34	西北风	小于 3 级
2020/9/4	多云	21~34	东南风	小于 3 级
2020/9/5	晴	21~33	东南风 – 东风	小于 3 级
2020/9/6	晴	22~32	北风	小于 3 级
2020/9/7	晴	23~34	西风	小于 3 级
2020/9/8	晴	22~35	东南风 – 南风	小于 3 级

（1）夏季热环境实测结果

①太阳辐射

夏季各空间的太阳辐射比较（图 4.10）显示，各空间出现太阳辐射的时间平均为
5：30，18：50 全区太阳辐射降为 0wat/m²。城市历史天气记录的平均日出时间为 5：20，日落

时间 18：34。太阳辐射出现时间早日出时间 10 分钟，消逝时间比日落时间晚约 15 分钟，出现的先后顺序为封闭空间、开敞空间、半封闭空间、半开敞空间；消逝的先后顺序为半封闭空间、半开敞空间、开敞空间、封闭空间。全区封闭空间的太阳辐射周期最长。

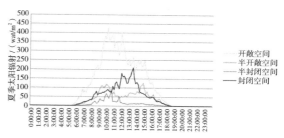

图 4.10　夏季风景园林空间太阳辐射日变化图

与春秋季一致，夏季的实测结果同样表明太阳辐射和阳光直射状态密切相关。阳光直射区域的太阳辐射值普遍处于高位，变化剧烈；无太阳直射的区域太阳辐射值则位于低位，且波动温和。在阳光直射和遮阳状态转换期间，太阳辐射值变化最为剧烈，且太阳高度角越高，这种变化越剧烈。

受周边建筑、植被影响，四类空间所受到的夏季太阳直射时段分别为：开敞空间约 6：50~16：50；半开敞空间约 7：10~10：30 和 14：30~15：30；半封闭空间约 8：00~9：40 和 16：30~18：30；封闭空间约 10：50~16：10。比较各空间所得的阳光直射时段与太阳辐射曲线高峰出现时段，较难找到明显的共时变化规律。开敞空间、封闭空间、半封闭空间曲线均出现山峰状变化，半开敞空间也有双峰值现象。夏季日出之后和日落之前，各空间太阳辐射曲线同时出现明显的大幅升降。峰值时段，各曲线分布差异明显。

夏季全日太阳辐射平均值、峰值对比结果如下。太阳辐射平均值排序为开敞空间 98.90wat/m² ＞封闭空间 36.07wat/m² ＞半开敞空间 27.36wat/m² ＞半封闭空间 7.68wat/m²。开敞空间的太阳辐射值明显高于其他三者；封闭空间和半开敞空间处于第二梯队，约为开敞空间的 1/3~1/4；半封闭空间太阳辐射值最低，约为开敞空间的 1/10。太阳辐射最大值出现在开敞空间 10：10 的 428.76wat/m²；封闭空间和半开敞空间分别为 207.80wat/m² 和 123.58wat/m²；半封闭空间区最低为 78.00wat/m² 仅为开敞空间的 1/5。相比春秋季，夏季各空间之间的太阳辐射差值更大，对比更为明显。

比较各空间变化曲线的上升期、高峰期、下降期。开敞空间曲线从日出时分开始快速攀升，至 10：10 到达全日最高峰值，过程中增幅同比明显最大且持续时间长。半开敞空间增幅第二，9：30 之后到达高峰时段。封闭空间提升幅度相对缓慢，历时一个上午到达高峰阶段。半封闭空间曲线一直保持缓慢上升状态，8：00 后开始振荡爬升。各曲线高峰时段持续时长分别为半开敞空间 8 小时（9：00~17：00）＞开敞空间 6.6 小时（9：20~15：00）＞封闭空间 5.3 小时（9：00~14：20）＞半封闭空间 2.8 小时（9：10~12：00）。日间 9：00~15：00 期间，各曲线均处在峰值阶段。此时段内 4 条曲线明显呈现梯级分布，开敞空间、封闭空间、半开敞空间、半封闭空间之间的差值保持逐步递减的关系。各曲线在高位值区间内都出现了多次波动。各空间的次高峰均位于不同时段，开敞空间和半封闭空间的曲线高峰时段主要集中在上午；封闭空间则分布在中午和下午；半开敞空间曲线在上下午均出现峰值。在夏季各空间的太阳辐射曲线回落过程中，半封闭空间的太阳辐射曲线于12：00后低位缓慢降低，至18：50降至0值；封闭空间曲线14：20后趋于直线变化，于18：50归至0值；开敞空间曲线自15：00之后急速下降直至消失；半开敞空间最后在17：00~18：30快速消逝。

夏季典型气象日中，各空间曲线表现出较大差异，平均值和极值差异显著，半封闭空间全日太阳辐射最为平稳，半开敞空间出现的双峰值现象与两次太阳直射情况密切相关。各空间曲线高峰段出现时间均不同。下降期时，开敞空间降幅最大，半封闭空间变化最缓。

②空气温度

夏季全区各空间的空气温度曲线（图4.11）在日出后1小时内，分别出现快速上扬。具体而言，开敞空间、封闭空间曲线在日出后6：00开始上涨，7：10后半开敞空间和半封闭空间曲线随之上升。全区10：30左右先后进入全日高峰时段，各空间曲线在峰值期间均保持平稳波动。约15：30后全区气温开始回落，直至次日日出后重新反弹。

与春秋季气温趋势相同，夏季各空间气温曲线也存在分组共时变化的现象。第一组为开敞空间和封闭空间，24小时变化基本一致，日间两者保持开敞空间高于封闭空间1℃左右的共时温差，夜间共时温差缩小到0.3℃。第二组半开敞空间和半封闭空间，两者同样保持24小时的共时变化，但与第一组相比，温差变化稳定性较弱。两者在高峰段的温差较小，约0.3℃，15：30后温差逐渐拉大，直至反弹点，达到最大值0.5℃。

夏季各空间空气温度平均值排序依次为开敞空间27.48℃＞封闭空间区26.94℃＞半开敞空间区26.93℃＞半封闭空间区26.58℃。最高温出现在开敞空间15：10的29.84℃，最低温出现在半开敞空间7：00的25.00℃。在全日整体平均温差方面，开敞空间高于半开敞空间0.9℃，共时最大温差出现在12：20时开敞空间高于封闭空间的1.09℃。

（2）夏季风环境实测结果

沪杭夏季测试日的城市历史平均风速小于3级，实测所得数据如图4.12显示，各空间平均阵风风速曲线差值呈鲜明等差数列排布，递减顺序为半开敞空间＞开敞空间＞半封闭空间

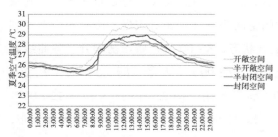

图4.11　夏季风景园林空间空气温度日变化图

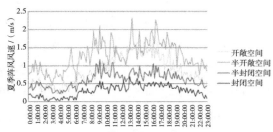

图4.12　夏季风景园林空间阵风风速日变化图

＞封闭空间，差值约为 1.1m/s。

开敞空间、半开敞空间的曲线变化趋势一致，呈日高夜低现象，昼夜差别大。半封闭空间和封闭空间的阵风风速曲线昼夜起伏相对平缓，差别较小。半开敞空间曲线波动最为剧烈，最大差值高达 5.24m/s，封闭空间曲线波动幅度微小，最大差值为 2.46m/s，两者相差一倍以上。总体看来，夏季近水面空间的空气流动速度快，反映在空间类型中，半开敞空间风速最大。硬质的底界面可加速空气在空间中的流通，表现为半封闭空间风速大于封闭空间。与春秋季实验发现一致，立面围合物越多，则风速越低，具体围合度与风速的排序为开敞空间＞半封闭空间＞封闭空间。结合空间朝向与结构可进一步发现，开敞空间的空气对流最大；半开敞空间和半封闭空间位于建筑物形成的南北向峡谷风道内，增大了空气流速及热交换；半封闭空间受周边建筑阻挡，风速较小。

（3）夏季湿环境实测结果

夏季风景园林开敞空间、半开敞空间、封闭空间的空气相对湿度曲线呈全天共时变化（图 4.13），早间 9：00~10：00，随着日照强度加大，空气相对湿度全面下降，下午 15：00 左右各曲线缓慢回升，直至次日早间 9：00 重新回到峰值。半封闭空间的空气相对湿度曲线变化大趋势与另三者相同，但存在部分波动时间与幅度的差异。

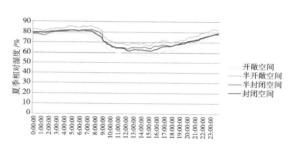

图 4.13　夏季风景园林空间相对湿度日变化图

夏季各空间的空气相对湿度变化曲线可分为三大梯队。第一梯队为半开敞空间，24 小时一直处于全区共时变化的最高位。第二梯队为半封闭空间和封闭空间，半封闭空间曲线围绕封闭空间曲线上下波动，6：00~9：00、11：00~17：30 期间高于封闭空间曲线平均 2%，0：00~7：00 稍低于封闭空间曲线约 0.5%。第三梯队为开敞空间，一直处于最低位。

全天空气相对湿度最高值出现在 7：20 半开敞空间的 85.39%，最低值出现在开敞空间 12：20 的 55.71%。夏季全天平均相对湿度差值比较为开敞空间 23.19%＞封闭空间 20.06%＞半封闭空间 18.63%＞半开敞空间 18.61%。

4.3.3　冬季实测结果

冬季实验分别在 2015 年 2 月 2 日 ~2015 年 2 月 4 日、2015 年 12 月 24 日 ~2015 年 12 月 28 日和 2016 年 1 月 7 日 ~2016 年 1 月 9 日进行。冬季测试日的城市历史气象情况见表 4.5。

2015~2016 冬季测试日城市天气情况　　　　　　　　　表 4.5

日期	天气情况	实测温度（℃）	风向	风速
2015/2/2	小雨－阴	4~8	东风	小于 3 级
2015/2/3	阴－多云	4~8	北风	小于 3 级 ~3–4 级
2015/2/4	多云－晴	2~6	西风	小于 3 级
2015/12/24	小雨－阴	7~12	东南风	小于 3 级
2015/12/25	多云	5~11	东南风	小于 3 级
2015/12/27	阴－多云	5~12	东北风	小于 3 级
2015/12/28	多云－晴	4~8	东南风	小于 3 级
2016/1/7	阴－多云	4~10	西北风	小于 3 级
2016/1/8	多云	2~8	东北风	小于 3 级
2016/1/9	多云－阴	3~9	西北风	小于 3 级

（1）冬季热环境实测结果

①太阳辐射

冬季测试日中城市平均日出时间为 7：00，日落时间为 17：30。全区除半封闭空间的太阳辐射出现在 7：10 外，其他空间的太阳辐射出现时间均为 6：40 左右，出现前后顺序为：开敞空间、半开敞空间、封闭空间、半封闭空间。太阳辐射消逝时间除开敞空间的 18：10 外，全区约为 17：20，先后顺序为：封闭空间、半封闭空间、半开敞空间、开敞空间。各空间的太阳辐射平均值排序为：半开敞空间 32.25wat/m² ＞开敞空间 28.06wat/m² ＞封闭空间 18.57wat/m² ＞半封闭空间 8.48wat/m²。总体而言，半开敞空间的太阳辐射总量最大，半封闭空间太阳辐射总量最小。全区冬季太阳辐射最大值出现在半开敞空间的 13：00，为 195.83wat/m²。

从冬季各空间的太阳辐射日变化图（图 4.14）可见，区别于春秋季与夏季实验中几乎同时的太阳辐射起止时间，冬季各空间的太阳辐射起止时差约为 0.5 小时。顶部界面开放程度最大的开敞空间拥有最长的太阳辐射周期，顶部开放面积最少的半封闭空间具有的太阳辐射周期最短。开敞空间、半开敞空间、封闭空间几乎同时接收到太阳直射，且太阳直射消逝时间也相近。但半封闭空间的太阳总直射时间约为前三者的 1/2，且直射面积小，接收到的太阳辐射总量也较低。从空间结构上究其原因，半开敞空间的顶层覆盖物最少，开敞空间其次，半封闭空间最多，可推测太阳辐射值和空间围合量呈反比，围合程度越少的空间，太阳辐射量越大。半封闭空间的太阳

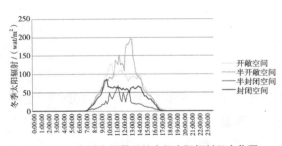

图 4.14　冬季各风景园林空间太阳辐射日变化图

辐射量受围合度影响，维持全区最低。

开敞空间和封闭空间的太阳辐射值基本保持共时变化趋势，但开敞空间因为受到硬质地面铺装反射热影响，测得的辐射量远高于封闭空间。

全区太阳辐射上升期、峰值期、下降期的起止时间基本保持一致。从太阳辐射出现时间起至 9：30，开敞空间、半开敞空间、封闭空间同时保持较快的增长趋势，并且一路攀升直到峰段。余下的半封闭空间曲线则在 9：30 缓慢爬升至约封闭空间 1/3 的数值，同时进入峰段。全区进入高峰段的时间相近。9：30~14：30 开敞空间和半开敞空间均处于高峰段，曲线在 9：50（半封闭空间）和 10：30（开敞空间）分别到达全日峰值之后，受地面、近地面、墙面等的综合热辐射影响，空间内部的太阳辐射曲线变化较为平缓。11：00~14：00 半开敞空间曲线的太阳辐射攀至全区最高，但因遮蔽太阳辐射的时段差异以及水体热反射等原因表现出了上下波动的状态。封闭空间的太阳辐射值也在峰值期间维持了低位波动。14：30 时，开敞空间、半开敞空间、封闭空间、半封闭空间的太阳辐射值分别按从高到低的顺序回落至零。其中半开敞空间下跌幅度最大，半封闭空间跌幅最缓，开敞空间曲线最后回归 0 值。区别于其他季节，冬季各空间太阳辐射的起止时间约有 0.5 小时的差值。半开敞空间太阳辐射峰总量远远高于其他 3 类空间，打破了之前开敞空间太阳辐射位居第一的常态。

②空气温度

冬季全区各空间空气温度曲线（图 4.15）在日出后 1 小时内，分别进入快速抬升状态。半封闭空间和半开敞空间的曲线在日出后 6：00 开始上扬，7：30 开敞空间和封闭空间曲线跟随上升，14：30 左右全区达到气温峰值。随后气温曲线开始缓慢下降，下降幅度较上升幅度小，之后一直至次日日出时分才重新反弹。在全日的气温变化过程中，从日出升温时刻到20：10，各空间温差呈逐渐缩小的态势；20：10 至次日气温回升期间，各空间共时温差又逐渐变大，最大温差为 2.03℃，出现在开敞空间与半开敞空间之间。

冬季各空间空气温度平均值排序依次为开敞空间 6.99℃＞封闭空间区 6.80℃＞半封闭空间区 6.52℃＞半开敞空间区 6.18℃。最高温出现在封闭空间 14：30 的 8.15℃，最低温出现在半开敞空间 5：50，为 4.54℃。各空间内部的温差比较显示，开敞空间的全日整体平均温差比半开敞空间大 0.8℃。

（2）冬季风环境实测结果

沪杭冬季测试日的城市历史平均风速均小于 3 级。冬季阵风风速记录（图 4.16）显示，自 0 点至日落期间，各空间风速曲线在小频波动中呈共时稳步提升状态，午间时分各曲线到达峰值，继而回落。日落后，全区出现风速的大幅波动，夜间风速变化幅度大大高于日间。

冬季的 4 条阵风风速曲线基本维持相似走向，但图中明显出现了两大梯队。开敞空间和

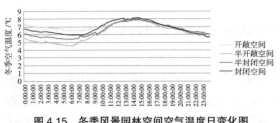

图 4.15　冬季风景园林空间空气温度日变化图

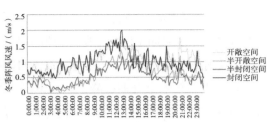

图 4.16　冬季风景园林空间阵风风速日变化图

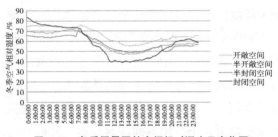

图 4.17　冬季风景园林空间相对湿度日变化图

封闭空间的曲线呈 24 小时交织现象，全日平均差值仅 0.1m/s，且高于半开敞空间和半封闭空间至少 2.5 个单位值。半开敞空间和半封闭空间的阵风风速曲线变化趋势大致平行于上一梯队，两者低位交织。到正午 13：00 后，半开敞空间曲线波动开始加剧，其后又在夜间 2：00 出现第二个高峰值，冲入第一梯队范围。虽然冬季阵风风速夜间变动增加与测试日样本的特殊情况有关，但也在一定程度上反映了沪杭冬季夜间的风速变化特征。当城市风速越大，小尺度空间对小气候风环境的影响越小。总体看来，冬季开敞空间和封闭空间的风速远大于半开敞空间和半封闭空间。但此现象可能与冬季沪杭盛行风向有关，也就是与各空间的方位和朝向有关。

（3）冬季湿环境实测结果

区别于绿量明显偏大的封闭空间，开敞空间、半开敞空间、半封闭空间这 3 类空间的冬季空气相对湿度变化趋势与变化规律（图 4.17）基本保持一致。7：00~7：30 之间各空间曲线先后达到全天峰点；日出后，曲线下降，在 14：00 左右降到谷点，当 14：30 太阳辐射转弱之后空气相对湿度值回升，18：30 日落后曲线维持相对稳定的变化状态。纵观曲线变化，各空间空气相对湿度值的下降速度明显快于上升速度。

冬季空气相对湿度的各空间比较可见，开敞空间、半封闭空间存在共时变化特征，开敞空间的空气相对湿度平均值约比半封闭空间高 8.53 个单位。半开敞空间曲线围绕半封闭空间曲线呈上下波动，日间高出 1.7%，晚间约低 4%。封闭空间曲线全日波动剧烈，相对差值最大，达到 44.68%，为其他 3 类空间变化幅度的一倍。

全天空气相对湿度的最高值出现在封闭空间 0：00 的 83.48%，最低值也出现在封闭空间，为 13：20 的 38.80%，两者差值为 44.68%，约大于其他空间两倍。平均空气相对湿度比较排序为开敞空间 66.18% ＞半开敞空间 58.98% ＞封闭空间 58.37% ＞半封闭空间 57.65%，开敞空间最大，后三者平均值接近。初步推算，与夏季测试结果一样，冬季空气相对湿度与太阳辐射呈负相关，且空间绿量越大空气相对湿度变化越大。

4.4　分析和讨论

4.4.1　城市气候与住区风景园林小气候环境

4.4.1.1　城市气候变化特征

近 20 年，对城市区域中尺度气候层面的统计数据均在震荡的过程中显示出一定的整体变化规律。空气温度、风速、空气相对湿度的平均值统计分别为：空气温度呈微弱上涨趋势；风速同样表现出增长现象；空气相对湿度则出现下降现象。各项气候因子的变化趋势说明，沪杭地区的城市气候环境出现了全面变暖、相对干燥且多风的特征。

4.4.1.2　住区风景园林空间小气候与城市气候的差异

对住区风景园林空间的小气候与城市气候的全年差异可从太阳辐射、空气温度、风速和空气相对湿度因子 4 方面来分析。（1）风景园林空间的太阳辐射出现时间比城市日出时间晚约半小时，但平均消逝时间与城市日落时间相仿。（2）风景园林空间的最高空气温度一般出现在下午 14：30~15：10，比城市最高气温的出现时间约晚半小时。（3）风景园林空间内部风速远低于城市风速。城市风速越大，对微小空间风环境的影响系数越小。（4）风景园林空间的空气相对湿度与空气温度呈负相关关系，午后出现相对湿度最低值的时间比城市时间约晚半小时。

4.4.2　小气候因子变化规律小结

根据已测得的城市典型高密度住区风景园林空间实验结果，结合各空间特征，研究分别归纳了小气候因子的日间与季间变化异同点。研究首先表明，无论空间内部结构特征如何，风景园林空间的小气候环境在城市大环境影响下，均表现出明显的共时变化。

4.4.2.1　太阳辐射

各季各空间的太阳辐射值共同特征有：昼夜变化差异显著，夜间所有空间的太阳辐射值均为 0wat/m²。实测发现，太阳辐射值和空间内的阳光直射状态密切相关，太阳直射期间，各空间的太阳辐射曲线均处于峰值。阳光直射区域的太阳辐射值高且变化显著，无阳光直射的区域则太阳辐射值低且波动温和。但受到空间内部各要素影响，4 类空间的太阳辐射变化差值各异，趋势线走向也各异。

春秋季太阳辐射出现的起止时间均比城市日出与日落时间要晚。各空间太阳辐射平均值和总值比较发现，开敞空间、封闭空间、半开敞空间之间的差异较小但昼间波动幅度大。半封闭空间由于受到顶部遮盖影响，太阳辐射值全日都在低值维持稳态平衡。开敞空间的太阳辐射均值和极值同时环比均为最大，受水体和植被影响，半开敞空间和封闭空间的太阳辐射均值居中，半封闭空间太阳辐射均值约为开敞空间的1/3。研究发现，太阳辐射与顶面覆盖物及空间围合度存在一定关联。这一推测在部分文献中得了肯定，有研究同样指出太阳辐射的数值增减与阳光直射状态有关[15-16]。

夏季实测结果发现，在太阳直射和遮阳两种状态的转换期间，太阳辐射值变化较为剧烈，且太阳高度角越高，这种变化越剧烈。相比春秋季，夏季各空间曲线变化表现出较大不同，平均值和极值差异显著，且全日各空间曲线均有独立变化，峰谷期的出现时间均不同，未出现明显共时变化现象。其中，开敞空间的变化最为显著，半封闭空间最为平稳，半开敞空间出现的双峰值现象和太阳直射情况密切相关。

区别于春夏秋季，冬季太阳辐射的总量最低。各空间相比，半开敞空间的太阳辐射远超其他空间，成为全区最高，区别于其他季节，半开敞空间的冬季太阳辐射最强时段远远高于其他空间。由于半开敞空间内存在大量水体，水的储热量大于硬质铺装，因此在此中午没有树荫遮挡的条件下，半开敞空间由于内部储热和辐射热的大量增加，太阳辐射曲线显现出较大的增长幅度。可见气温越低，水体的储热优势和对辐射热的镜面反射及散射作用可以发挥得更加明显。全日各区变化趋势与物理空间距离也有关系，按实验基地特征可归纳为两类：开敞空间和相近的封闭空间呈现共时变化；半开敞空间和相近的半封闭空间变化趋势类似。

4.4.2.2 空气温度

实验空间夏热冬冷，总体而言，开敞空间的全年平均空气温度最高，半开敞空间最低。空气温度全年变化整体特征为日出后约1小时出现日间最低值，随后气温快速上升至峰值，最高温一般出现在14：30~15：10之间，之后再缓慢回落至夜间的谷值。

春秋季全日平均气温变化幅度较大，最高温度出现在14：30前后。同一空间的早晚温差最大为7.12℃，不同空间的共时最大温差可达2.37℃。空间位置越接近，气温越一致，即相邻空间的气温呈共时变化特征。夏季全日各区平均温差全年最小，仅为0.90℃。最高温出现在开敞空间15：10，最低温出现在半开敞空间的7：00。冬季全日平均温差为2.72℃，最高温值出现在封闭空间的14：30，最低温值出现在半开敞空间的6：00。各空间变化曲线呈共时变化，各空间差值在13：00之前呈逐时递减，13：00之后全区呈胶着共时变化。

4.4.2.3 阵风风速

全年日间阵风风速具有早晚低，中午高的总体规律。内部风速远低于城市平均风速。全年中，夏季的平均风速最高。实验发现，（1）城市风速越大，微小空间的结构对小气候风环境的影响越小。（2）就各空间内部主要风景园林元素的组成比较发现，近地面空气流速和地面铺装材质与立面围合关系密切。平滑表面可加速气流，粗糙表面会减缓气流，实验中近水面空间的空气流动速度最快，硬质铺装空间的气流居中，软质铺装空间气流速度最慢。铺地材质越复杂，近地气流越缓慢。（3）立面围合物种类越多，围合状态越复杂，空间内风速越低。（4）空间方位和朝向也会影响空间内的风环境，冬季开敞空间和封闭空间的风速远大于半开敞空间和半封闭空间。此现象与冬季盛行风向有密切关系，可部分归因于空间的方位和朝向。

4.4.2.4　空气相对湿度

全年各类风景园林空间的空气相对湿度基本呈相同的变化规律。空气相对湿度与空气温度呈负相关关系，空气温度上升相对湿度数值下降，空气温度回落后相对湿度缓慢攀升，直至次日日出气温最低时再次到达顶峰。

春秋季空气相对湿度起落幅度较大，但各空间的相对湿度值基本呈现相同的变化规律，且空间相邻越近，变化越相似。夏季平均空气相对湿度值全年环比最大，各空间的空气相对湿度基本成等差的共时变化特征。冬季平均空气相对湿度全年最小，各区差异最大。受空间内大量植物影响，封闭空间的空气相对湿度曲线波动剧烈，极值差约为其他空间的两倍。

4.5　本章小结

城市风景园林小气候环境实地测试和评定，将小气候环境研究落实在热、风、湿 3 大环境的太阳辐射、空气温度、阵风风速、空气相对湿度因子上。研究在实验地区各典型空间类型中寻找小气候因子的变化规律，分别包括各季节典型气象日的日变化和全年的季变化规律。

本章随后讨论了各季节小气候因子之间的相关关系，探索各因子之间可能存在的相互影响机制。分析了各小气候因子在季节变化中的相同点，并归纳出各因子变化中的平均值、极值以及变化规律等特性。

由于风景园林空间小气候的现场实测受到很多非气候因素的干扰，很难保障理想稳定的实验环境、条件和对象，实测结果往往只能作相对客观的判断和分析。之后的研究章节将结合受众的实际生理体验数据和主观感受评定进行进一步的量化分析。

第 5 章

风景园林生理感受评价

上一章已详细说明城市风景园林空间小气候环境主要因子的变化规律和内在机制，但对环境感受的研究不应只考虑空间和环境本身，更要将重点集中到使用者身上[240]。人体因气候环境变化引起的生理感受是本书的第二大主体实验。小气候环境会对人类的生理健康产生有效且鲜明的影响，这已成为共识。随之而来的问题是如何精确测量和描述人在空间环境中的生理感受体验，探寻人体与环境进行热交换的过程和原理。

5.1 理论背景

5.1.1 生理感受与生理感受评价

生理感受作为风景园林小气候感受三元中"身心感受元"的组成部分之一，是人体对外界小气候环境刺激作出的直接本能反应。这种潜在的、隐形的、不可见的反应，在人体感受中占据极其重要的位置，是人类产生心理反应和行为反应的基础。

作为风景园林小气候感受评价研究的第二项实验，人体生理感受是"刺激—反应"机制中"反应"的组成部分之一。实验同时采用现场测量生理参数和投票评价的方法，主客观结合地对风景园林小气候生理舒适感进行评价。通过在各季节实验中对生理等效温度和低高频比值的测量、统计、分析逐步开展研究。期望通过模型计算和生理传感器的即时数据记录，更好地识别小气候环境影响下的人体对热环境的自我调控和适应能力。在此过程中，不仅可以获取兼具敏感性和可靠性的生理参数，还可试图找出人体舒适或者不舒适感的产生机理，从而得出人体对环境出于自我机能反应的感受评价。

5.1.2　热生理感受概念

热舒适中的生理调节机制从属于热生理感应的理论研究范畴，包括热感觉、热平衡、热舒适、热健康、热应力等。

5.1.2.1　热感觉

热感觉尚未有统一清晰的定义。金英资将热感觉限定在生理感受范围内，将其定义为"皮肤感受器在热刺激下的反应"[241]。黄建华等著的《人与热环境》指出热感觉是人对热环境冷热程度的一种有意识的主观感觉[242]。美国采暖、制冷与空调工程师协会 55-2013 标准将热感觉分为：+3（热），+2（暖），+1（微暖），0（不冷不热），–1（微凉），–2（凉），–3（冷）七个等级。本书在第 1 章中将风景园林小气候感受定义为：人在风景园林空间中，对小气候环境产生的综合感受体验，包含生理反应、心理反应和行为反应。

5.1.2.2　热平衡

人体的热收支平衡基于热舒适基础。人体在炎热气候下经历的热不适，通常被称为能量剩余[243-244]。人体与周边环境直接的相互作用称为能量交换[245]。人体产热的来源包括：做功产热和辐射产热（含太阳辐射和物体辐射），又通过对流、蒸发和辐射 3 种方式从人体传导出去。如果能量收入总额大于损失量，人体会随着时间的推移出现体温过热、疲劳、头痛、恶心、工作能力下降等症状[246]。如果盈余持续下去，会导致体温升高，甚至过快死亡。如果能量收入小于排热量，人体会出现体温过低、嗜睡笨拙、精神错乱、呼吸减慢等症状，持续下去可致心跳减慢、不规律，甚至出现心跳停止的现象。

能量收支模型的本质是平衡人体正常温度。人体的核心温度在 36~38℃之间。体温调节对人体热舒适和健康程度起着至关重要的作用[247]，其中包括 3 个关键的生理过程：血管运动、出汗和发抖[248]。这 3 个过程都由交感神经系统控制，用低高频比值表示。通常交感神经的激活可导致血管的收缩和汗液的渗出[249-251]，反映人体体温的调节状态。

5.1.2.3　热舒适

热舒适的相关理论成果较为成熟，包括人体热平衡模型、热舒适个体多样性研究、热舒适应用及仿真等，能有效帮助建立和完善人体舒适度评价体系。

盖奇定义的"热舒适"是人对环境产生"既不感到热也不感到冷的舒适感觉"的不冷不热的状态。处于"热中性"的人体体温调节所消耗的能量最少，是最舒适的状态。达到"热中性"时的环境温度被称为"中性温度"，一般认为在 25~28℃之间[252]。清华大学赵荣义认为热舒适是一个动态的过程。从冷（热）状态向中性移动接受热（冷）刺激的过程，即热适应的过程[253]。

5.1.2.4　热健康

热健康（Optimal Thermal Health）指满足人体热舒适，能够提高人体适应力和免疫力的、健康的、动态热环境下的人体健康状况。热健康概念与个人主观感受无关，只客观描述人体生理机能状况。热健康与热舒适紧密相关，热健康是热舒适的反映，热舒适是人体热健康的必要条件。

若周围环境对人体的热刺激过量，人体会处于热不舒适状态，即"不舒适的热区"或"不舒适的寒冷区"。有大量研究表明，若热负荷长时间超过人体可调节的范围，可能导致病理性反应，这就是"热不健康"状态。李文杰为热健康理论提出"热的亚健康"和"热不健康"的概念[254]。"热的亚健康"即"人体对所处的热环境在不至于引起实质性生理疾病的状况下，生理上已出现不适或主观上感到不舒适的亦病非病状态"；"热不健康"即"人体所处的热环境已不能满足生理健康和舒适的基本要求，出现病理征兆的状态"。李百战等的研究证明，短暂的或间歇性的、强度不大的热刺激更有助于提高生理热应激能力，提高人体热耐力，维持人体的热健康[255]。

5.1.2.5　热应力

热应力在物理学范畴，指温度改变时，物体由于外在约束以及内部各部分之间的相互约束，使其不能完全自由胀缩而产生的应力；在生理学领域，热应力被理解为高温环境对人体产生的热负荷（Heal Stress）。热应力计算指标为热应力指数（Heat Stress Index，HSI），用于定量表示在不同的活动量下，热环境对人体的作用应力。

通过对人体承受的热应力进行计算，可对在一定温度、湿度范围内的小气候环境对劳动个体生理健康的影响进行评价，得出针对温度环境的 4 个区域范围：警告区域、严重警告区域、危险区域和极度危险区域。

5.1.2.6　研究范围界定

本书的研究范围界定在人体可承受的小气候阈值内。此时的热环境处于稳定环境，不涉及威胁人体健康的热压力，因此"热健康"和"热应力"不属于本书的研究对象。

5.1.3　热生理作用机制

5.1.3.1　生理感应机制

生理学将人体因周围环境变化作出的适应性反应认作是内部机制的一种反射活动。反射是在中枢神经系统参与下，机体对内外环境刺激所作出的适应性反应，其基本结构是反射弧。

当人体感受器或感受器官受到机体内外环境的刺激并达到阈值后，会将其转化为神经冲动信息，通过感觉神经传递到中枢（脊髓和脑），经过大脑的信息处理后，产生相应的感觉或知觉，然后高级中枢（脑）或低级中枢（脊髓）或低级中枢（脊髓）在高级中枢（脑）的控制下发出神经冲动，经运动神经传至效应器，对刺激作出应答反应的全过程，即为"反射"。人体对小气候环境各因子的感应主要由位于皮肤和某些黏膜中的感受器来完成。皮肤是人体最大的感觉器官，皮肤内含有大量的感觉神经末梢。感觉神经末梢与其他结构共同组成多种皮肤感受器，感受触觉、冷觉、热觉和痛觉等感觉，这些感觉综合作用，帮助人体感应极端温度、微风狂风、潮湿干燥等复杂的气候环境。

5.1.3.2　生理调节机制

除了感应机制，人体还存在生理自主调节机制。生理自主调节是由人体效应器作出适应性反应的效应过程。体温调节系统中的效应器包括血管、汗腺、肌肉等。这是由于人体内存在保持体温相对恒定的自动调节机构，主要是下丘脑，还包括脑干、脊髓等中枢神经系统的其他部位。在体温调节中枢下丘脑的控制下，当人体处于偏热环境或激烈运动时，交感神经兴奋，皮肤表层血管扩张，皮肤温度升高，乃至皮肤出汗，从而增大人体向外环境的散热量；当人体处于偏冷环境时则情况相反，副交感神经（迷走神经）兴奋，皮肤表层血管收缩，皮肤温度降低，乃至骨骼肌颤栗，从而减少人体向外环境的散热量并增加产热量。其中，负责促进散热的是下丘脑前部，负责促进产热的是下丘脑后部[256-257]。

5.1.3.3　生理适应机制

热适应是生理感受机制中对人体感受造成影响的现象，也称热习服（Heat Acclimatization）。在小气候适应性研究中，适应性是指人针对环境情况与舒适度需求之间的矛盾而进行的自主适应机制和改善行为，适应机制的运作包含生理、心理和行为三大模块。本章只探讨其中的生理适应模块。

理查德·德·迪尔（R. J. de Dear）等[258]提出生理适应是在一段时间内单一或综合热环境反复刺激下（包含冷、热刺激），人体生理热调节系统调定的反应变化。理查德等人[259]基于21000余份全球气候范围内的现场研究数据，提出了适应性模型，说明人不仅是环境的被动接受者，也是积极的适应者。余娟[260]也通过生理数据测量实验证明了人在适应热环境后，会提高热负荷的耐受性，产生对高温的稳定适应状态，并由此改变机体的各项生理机能。

5.1.3.4　生理测定机制

对国内外生理指标的研究现状综述发现，生理指标测试远不如心理感受的主观投票敏感[261]，人体热感应的生理指标要在一定温差的前提下才具备观测的可能。许红波等[262]对瞬变环境中人体热舒适的现状研究也佐证了这一观点。于娟[261]的研究认为当预测平均投票数在"1.5~-1.5"的范围内时,人的热心理感觉变化已非常显著,但人体自主调节恒温的能力却导致大部分生理指标的变化非常微弱,其变化量甚至小于仪器的测量误差范围。直到热舒适投票值< 0.5时,自然热环境下空气温度舒适度的适应范围对应在25.5~30.4℃之间,生理指标才出现明显变化,因此,需要提供温差≥ 5℃以上的环境差,生理参数差异才存在被观测的可能[263]。

5.2 研究目的和方法

本章在前文对城市风景园林空间物理环境(即小气候环境)研究的基础上,向人们在空间使用过程中身体的根本机能反应拓展,因此有必要对在特定环境中的活动人群采用精确有效的定量测量评价。传统的热舒适研究多依靠热能量平衡理论模型,缺乏针对特定环境中人体生理实时感受和反应的定量数据测量采集。20 世纪 90 年代后期,神经学科的飞速发展使得心理学对人类体感的测量取得了较大进展。由认知神经学引发的心理学界(尤其是环境心理学)的范式革命,已将影响范围扩大到了城市环境设计领域。环境感知的研究开始转向通过功能性核磁(fMRI)、脑磁图(MEG)、脑电波、近红外光谱(NIRS)等神经影像信息数据的采集,皮电、肌电等各种电生理记录自主神经电生理信号来描述人们在城市环境空间中的感受[264]。特别是近几年,随着医学、神经科学、心理科学等感知技术的数字化进展,城市环境的规划设计、气候研究、基础设施和人口流动性研究都可以通过采集所在环境的信息和数据,识别环境对人类感知的影响来实现[265]。因此,本章结合传统的模型计算和新型生理测量仪器的使用开展生理研究。

5.2.1 研究目的

研究将通过各指标的变化规律找寻小气候因子与生理等效温度、低高频比值、人体热感觉和热舒适投票之间的关系,得出小气候环境影响人体生理感受的内在原理和机制。拟得出结论包括生理等效温度、低高频比值等各项生理感受指标的季节变化规律;生理等效温度与小气候因子、生理等效温度与低高频比值、热感觉与低高频比值关系的比较分析。

5.2.2 研究方法

对生理感受的评价主要通过主观热投票,考量生理等效温度生理等效温度和心率变异性低高频比值。生理等效温度的计算通过计算机软件模拟第 3 章风景园林空间物理环境实测的各类小气候因子指标得出；低高频比值通过现场生理实验直接获取；主观投票数据在生理实验测试过程中使用问卷同步进行。

5.2.2.1　计算机模拟

根据第 3 章对生理感受评价指标的验证选取，笔者决定采用适合复杂遮阳状况下城市户外环境研究的生理等效温度指标作为人体感受评价指标，来求得各风景园林空间的感受差别，并分析导致生理感受评价差异的主要原因。生理等效温度使用 RayMan 软件[266-267]模拟完成，参数使用典型中国男性生理指标（30 岁，70kg，175cm），设定春季服装热阻 0.9clo，新陈代谢率 100W；夏季服装热阻 0.3clo，新陈代谢率 120W；冬季服装热阻 1.0clo，新陈代谢率 90W。继而，运用统计产品与服务解决方案和 Excel 软件的回归分析生理等效温度与各小气候因子变量之间的关系，得出影响人体感受的关键气象因子。

5.2.2.2　现场实验

（1）实验方案

生理感受实验地点与物理环境实验一致，为保证实验背景条件相同，减少复杂因素的干扰，研究将生理实验固定在同一个实验地，即 SVA·世博花园进行。实验于 2015 年 08 月 20 日开始，持续至 2015 年 12 月 28 日，跨越夏、秋、冬三季，总计测试 21 天，分别在三季的典型气象日使用生理类无线传感器采集气象数据，并由工作人员辅助受访者填写问卷填写。

共有 76 位受试者（34 位男性，42 位女性）参与了该项生理实验，受试者平均年龄 23 岁，平均身高 168cm，均身体健康，无心血管类疾病。实验前 24 小时受试者保证充足休息，避免接触咖啡因、酒精、烟草和处方药物，并且无剧烈的情绪波动和体力劳动等刺激神经的行为活动。实验前静坐 0.5 小时，保持身体状态平稳。实验时，每人携带仪器在小区内步行一圈。经过每类风景园林空间时，在内部稍作停留，停留时间不少于 3 分钟，走完一圈为一轮，一轮实验用时平均约为 15 分钟。每人共完成三轮测验，取三轮结果的平均值进行分析。生理实测与热舒适问卷填写和小气候数据记录同步进行。

（2）实验仪器

生理参数测量仪器发展至今已变得小巧简便，易于随身携带，且对受试者的行为和心理情绪几乎不造成影响[268]。本次实验仪器采用北京神州津发科技有限公司生产的 PsyLAB 无线传感器的生理类传感器，可测量的生理参数包括皮电、皮温、脉搏、呼吸、心率等（图 5.1）。

5.2.2.3　问卷调查

区别于心理感受章节的问卷调查，本章的问卷调查只针对人体热感觉和热舒适，设定 7

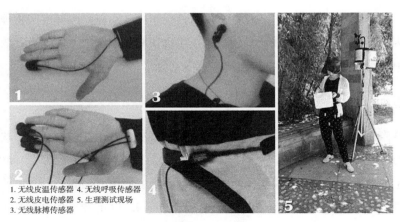

1. 无线皮温传感器　4. 无线呼吸传感器
2. 无线皮电传感器　5. 生理测试现场
3. 无线脉搏传感器

图 5.1　生理测试仪器和实验现场

点投票选择。通过投票结果辅助分析并验证生理等效温度和低高频比值，从而进行生理感受的主客观对比以及传统和新方法的互证对比。

5.2.3　研究指标

5.2.3.1　生理等效温度指标

生理等效温度是霍佩等在热舒适研究成果基础上演算出来的热指标，现被广泛应用于各种气候条件下室外热舒适的研究和评价工作[269~270]。其定义为在某一室内或户外环境中，人的皮肤温度和体内温度达到与典型室内环境同等的热状态时所对应的气温。生理等效温度值越大，表示气候越炎热；生理等效温度值越低，则气候越寒冷。该指标便于非专业人员用室内的热经历来评价复杂的室外热环境。

5.2.3.2　低高频比值指标

心率变异性是基于心率指标计算得出的指标。心率是指正常人安静状态下每分钟心跳的次数，一般情况下为 60~100 次 / 分钟，根据个体年龄、性别或其他生理因素会产生一定个体差异。心率与人体体温的关系密切，体温每升高 1℃，每分钟心率会加快 8~10 次。吴杰等人[271]通过对各年龄组成年男女的心率进行长期跟测，统计得出了中国健康男女的正常心率范围，如表 5.1。可以发现，中国健康女性的心率较男性略快，一般来说，成年人在安静时心率超过 100 次 / 分钟，可判定为心动过速。

基于该生理理论基础，已有研究表明，热环境对心率存在显著影响。比如，康诚祖[272]通过对严寒地区城市哈尔滨冬季采暖环境下受试者的各项生理指标采集，发现了在人体生理调节系统的运作下，心率会随着室温的升高而增加，心率与热感觉呈线性关系，并得到了心率与全身热感觉的线性回归方程。

中国健康男女各年龄组心率的中位数及正常下、下限值（次／分钟）统计表　　表 5.1

年龄分组（岁）	男				女			
	下限值	中位数	上限值	案例数量	下限值	中位数	上限值	案例数量
18~29	51	67	96	680	57	73	101	424
30~39	52	68	94	824	56	71	94	402
40~49	51	67	93	819	55	68	91	504
50~59	53	67	92	595	51	67	95	255
60	51	68	97	696	51	68	99	161
合计	51	67	94	3614	54	69	96	1746

来源：吴杰，Jan A. Kors，Peter R. Rijnbeek，陆再英，等．中国健康人群正常心率范围的调查 [J]. 中华心血管病杂志，2001.

心率变异性频率分析法是目前比较成熟的分析方法，通常可分为三个峰谱：高频段、低频段、超低频段[273]。其中 0.15~0.4Hz 属于高频段，主要受迷走神经活动的影响，0.04~0.15Hz属于低频段，主要受交感神经活动的影响。根据人体生理热调节系统的机制原理可知，低高频比值的增减可表示交感神经活动或副交感神经活动的增减，该指标能够直接反映人体生理调节作用的强弱。

5.2.4　研究难点

生理感受评价的难点在于如何统计心率变异性实测数据。对心率变异性的分析，常用两种方法：频域分析法和时域分析法。频域分析法使用频谱分析的方法来分析心率变化的规律，可以分析心脏交感和迷走神经活动水平复杂的变化规律；时域分析法使用简单统计学方法对心率变异性做时域测量。本研究采用频域分析法对心率变异率进行信号数值分析。使用PsyLAB 无线传感器自带的分析软件，将监测到的心电信号数据经过坏点判别、提出、校正等处理，可清晰得出交感神经和迷走神经的活动状况（图 5.2）。表 5.2 为心率变异性的输出报告，可见低高频比值为 1.23，高于 1，判断结果为交感神经占主导。

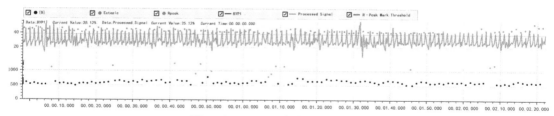

图 5.2　PsyLAB 心电输出数据分析图

频域（Frequency Domain）							
频段 （Frequency Band）	功率（Power） （ms³）	功率百分比 （Power）（%）	功率范数 （Power） （Norm）	峰值（Peak） （Hz）	极低超低频 段（VLF/ UVLF）	低高频 比值 （LF/HF）	总功率（TP） （ms²）
超低频段 （UVLF）	422.11	8.45	–	0.00	0.30	–	4997.67
极低频段 （VLF）	1423.59	28.49	–	0.01	0.30	–	4997.67
低频段（LF）	1737.60	34.77	48.62	0.15	–	1.23	4997.67
高频段（HF）	1414.38	28.30	39.57	0.23	–	1.23	4997.67

PsyLAB 输出心率变异性频域分析报告 表 5.2

5.3 研究结果

5.3.1 季节变化规律

生理等效温度、低高频比值、热感觉投票的结果说明内容包括在各季节不同小气候环境条件下的生理等效温度变化规律、低高频比值差异、热感觉投票结果差异。

5.3.1.1 生理等效温度季节变化规律

（1）春秋季生理等效温度变化规律

春秋季生理等效温度日变化趋势（图 5.3）同时受到太阳辐射和空气温度影响。生理等效温度日间变化与太阳辐射变化趋势相仿，晚间变化与空气温度变化趋势相近。半开敞空间和半封闭空间的昼间变化为平缓提升状态，其中半开敞空间比半封闭空间平均高出约 4℃。春秋季生理等效温度平均值排序为封闭空间＞半开敞空间＞开敞空间＞半封闭空间。PET 最高值出现在开敞空间，最低值出现在封闭空间。

（2）夏季生理等效温度变化规律

夏季全区生理等效温度数值呈同步共时变化（图 5.4），可分昼夜两部分。夜间各空间曲线呈平行水平状分布，半封闭空间的曲线位置最高，达 23.5℃；半封闭空间和封闭空间曲线交错变化，在 21.5℃上下轻微波动；半开敞空间曲线位置最低，在 20℃上下徘徊。日间，各空间生理等效温度排序与夜间存在一定差别，开敞空间的曲线攀升高度居第一，最高达到 36.1℃；封闭空间曲线位居第二，

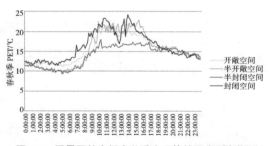

图 5.3 风景园林空间春秋季生理等效温度日变化图

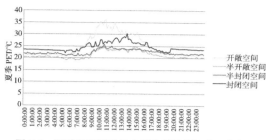

图 5.4　夏季各风景园林空间生理等效温度日变化图

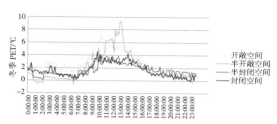

图 5.5　冬季各风景园林空间生理等效温度日变化图

为 30.3℃；半封闭空间和半开敞空间曲线相近，最大值维持在 24℃左右。

（3）冬季生理等效温度变化规律

冬季生理等效温度日变化趋势同时受到太阳辐射和空气温度两者影响。生理等效温度变化（图 5.5）日间与太阳辐射日变化趋势相仿，夜间变化与温度日变化趋势相近。生理等效温度平均值排序为开敞空间＞半封闭空间＞半开敞空间＞封闭空间，最高值和最低值均出现在半开敞空间区。

5.3.1.2　低高频比值季间差异

对各季受试对象在实验地区中的低高频比值进行平均值计算，比较结果如图 5.6 显示，春秋季数值最低，夏季数值居中，冬季数值位于最高位。对比各季节之间的平均低高频比值，春秋季与夏季较为接近，冬季和前两者相差较大。推论冬季的生理舒适感受在四季中较为特殊。后续可通过与其他指标的比较，进一步挖掘其特殊化特征。

受被试者个体生理机能、活动时间、个人感受、经验和即时情绪等因素影响，个体间的低高频比值存在一定波动和偏差，但仍可从测量结果的平均值比较过程中发现各空间的差异（表 5.3）。图 5.7 显示春秋季变化曲线和夏季变化曲线在半开敞空间的数值比较相近，其余 3 类空间的比值均低于夏季。冬季各空间数值皆远高于春秋季和夏季。春秋季中，低高频比值最高的空间为半封闭空间，其次是开敞空间，半开敞空间位列第三，封闭空间最低。夏季的低高频比值比较中半封闭空间依然最高，开敞空间其次，封闭空间第三，半封闭空间最低。冬季低高频比值半开敞空间最高，封闭空间与半封闭空间相仿，同居第二，开敞空间居最后。

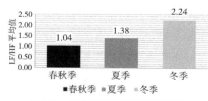

图 5.6　低高频平均比值季间比较

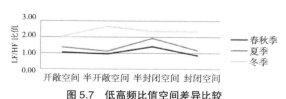

图 5.7　低高频比值空间差异比较

低高频比值由低到高排序　　　　　　　　　表 5.3

	开敞空间	半开敞空间	半封闭空间	封闭空间
春秋季	3	2	4	1
夏季	3	1	4	2
冬季	1	4	3	2

5.3.1.3 热感觉投票季间差异

　　不同季节微小环境下的热感觉投票列表（表 5.4）显示了大多数居民的热感受投票结果。春秋季测试期间，实验空间的气温位于 22.18~26.45℃区间时，各风景园林空间受试者选择热感觉投票为 0，即热感觉适中的受试者人数比例约占总人数一半，全年同比最高。夏季实验期间的气温处在 29.93~37.20℃区间时，绝大多数受试者选择"适中"~"热"的热感觉层级。冬季实验气温在 9.02~15.63℃区间内时，绝大部分受试者选择"太冷"~"适中"的热感觉，且集中在"太冷"选项的人数接近冬季实验总人数的一半。

热感觉投票数　　　　　　　　　表 5.4

季节	气温（℃）	空间	冷 −3	凉 −2	微凉 −1	适中 0	微暖 1	暖 2	热 3
春秋季	22.18~26.45	开敞空间	0	3	8	12	3	0	0
		半开敞空间	1	6	7	12	1	0	0
		半封闭空间	0	0	5	16	6	0	0
		封闭空间	0	1	3	16	7	0	0
夏季	29.93~37.20	开敞空间	0	0	0	6	6	4	9
		半开敞空间	0	0	2	6	8	2	7
		半封闭空间	0	1	2	8	6	5	3
		封闭空间	0	1	0	10	6	3	5
冬季	9.02~15.63	开敞空间	5	4	4	6	6	1	0
		半开敞空间	12	5	3	6	0	0	0
		半封闭空间	11	2	8	5	0	0	0
		封闭空间	11	4	5	5	1	0	0

　　图 5.8 为受试者对所处空间的热舒适 5 点评分表的投票结果分析。投票分值从 1 至 5 逐步递增，1 表示极端不舒适，5 表示舒适，颜色越深表示越不舒适。从三个季节的投票结果分布中可以发现，春秋季各空间的舒适度基本维持在"较舒适"和"舒适"范围内，且投票数相差无几；夏季半封闭空间的体感舒适度最高，其次是封闭空间和半开敞空间；冬季开敞空间的体感舒适度最高。

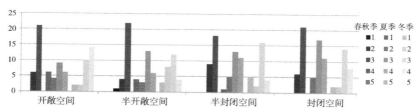

图 5.8　各季各空间热舒适投票数分布图

5.3.2　各指标间关系比较

在生理感受评价研究结果的基础上，下文将生理等效温度与小气候各因子，低高频比值和热感受投票结果进行了相关性分析比较。

5.3.2.1　生理等效温度与小气候因子关系比较

本节将各季各空间的小气候因子与生理等效温度结果作相关性分析，并进行曲线模拟，推敲生理等效温度的季节性最佳感受阈值，分析各季节中生理感受最舒适的空间类型，为之后设计规划策略的制定提供生理模拟数据基础。

（1）春秋季生理等效温度与小气候因子

春秋季实验发现，生理等效温度与小气候的太阳辐射因子、空气温度因子和阵风风速因子均呈显著正相关关系；与空气相对湿度因子呈显著负相关关系（表 5.5）。分析结果显示，空气温度是影响生理等效温度的主要小气候因子，两者相关系数在 0.01 水平时呈显著相关，相关系数为 0.926。两者具有共变关系，空气温度越高，生理等效温度值越高。

由春秋季各风景园林空间的生理等效温度与小气候因子的相关曲线拟合图（图 5.9）可见，生理等效温度与各气候因子均呈显著相关关系。太阳辐射越大，生理等效温度值越高，两者的回归方程拟合度较高；生理等效温度和空气温度的回归方程拟合度最高；阵风风速不超过 1.85m/s 的条件下，生理等效温度和阵风风速呈负相关；生理等效温度与空气相对湿度的拟合度高，两者为显著负相关。从曲线模拟图中发现，当风速在 0.7~1.5m/s 之间时，人体感受与阵风风速呈正相关关系，即风速越大，体感越舒适。但当阵风风速在 0.7m/s 以下或 1.5m/s 以上时，风速越大，体感越差。

春秋季风景园林空间生理等效温度和小气候因子相关性分析　　　　表 5.5

生理等效温度		太阳辐射（wat/m²）	空气温度（℃）	阵风风速（m/s）	空间相对湿度（%）
全区	Pearson 相关性	.800**	.926**	−.757**	−.899**
	显著性（双侧）	0	0	0	0
	N	588	588	588	588
开敞空间	Pearson 相关性	.841**	.904**	.668**	−.845**
	显著性（双侧）	0	0	0	0
	N	147	147	147	147

续表

生理等效温度		太阳辐射（wat/m²）	空气温度（℃）	阵风风速（m/s）	空间相对湿度（%）
半开敞空间	Pearson 相关性	.848**	.932**	.560**	−.869**
	显著性（双侧）	0	0	0	0
	N	147	147	147	147
半封闭空间	Pearson 相关性	.493**	.960**	.465**	−.917**
	显著性（双侧）	0	0	0	0
	N	147	147	147	147
封闭空间	Pearson 相关性	.769**	.841**	−.751**	−.751**
	显著性（双侧）	0	0	0	0
	N	147	147	147	147

注：① ** 在 .01 水平（双侧）上显著相关。
　　②本表中的 .800 指 0.800，其余同种表达均为此意。

（2）夏季生理等效温度与小气候因子

夏季实验发现，生理等效温度与太阳辐射呈显著正相关，与空气温度和阵风风速均为正相关；与空气相对湿度呈负相关（表 5.6）。太阳辐射是影响生理等效温度的最主要小气候因子，两者相关系数在 0.01 水平时呈显著相关关系，相关系数为 0.969；次要的小气候因子为空气温度，在 0.01 水平时同样为显著相关关系，相关系数为 0.882。生理等效温度与这两类因子具有共变关系，太阳辐射和空气温度越高，生理等效温度值越高。生理等效温度和空气相对湿度呈显著负相关，空气相对湿度越大，生理等效温度越低。

夏季风景园林空间生理等效温度和小气候因子相关性分析 表 5.6

生理等效温度		太阳辐射（wat/m²）	空气温度（℃）	阵风风速（m/s）	空间相对湿度（%）
全区	Pearson 相关性	.969**	.882**	.645**	−.746**
	显著性（双侧）	.000	.000	.000	.000
	N	588	588	588	588
开敞空间	Pearson 相关性	.969**	.882**	.645**	−.746**
	显著性（双侧）	.000	.000	.000	.000
	N	147	147	147	147
半开敞空间	Pearson 相关性	.875**	.931**	.426**	−.784**
	显著性（双侧）	.000	.000	.000	.000
	N	147	147	147	147
半封闭空间	Pearson 相关性	.711**	.899**	.566**	−.781**
	显著性（双侧）	.000	.000	.000	.000
	N	147	147	147	147
封闭空间	Pearson 相关性	−.683**	.937**	.814**	.549**
	显著性（双侧）	.000	.000	.000	.000
	N	147	147	147	147

注：① ** 在 .01 水平（双侧）上显著相关。
　　②本表中的 .969 指 0.969，其余同种表达均为此意。

由夏季各风景园林空间的生理等效温度与小气候因子的相关曲线拟合图（图 5.10）可见，生理等效温度与太阳辐射的回归方程显著，拟合度高；与空气温度和空气相对湿度的回归方程拟合度一般；与阵风风速拟合度相对较低。

（3）冬季生理等效温度与小气候因子

表 5.7 显示，在测试日空气温度低于 10℃的情况下，生理等效温度与小气候各因子在 0.01 水平上都呈显著相关关系。其中，生理等效温度与太阳辐射呈正相关；与温度呈正相关；与平均风速呈正相关；与相对湿度呈负相关。太阳辐射是影响冬季生理等效温度的主要小气候因子，当相关系数在 0.001 水平呈显著相关，相关系数为 0.911 时，两者具有共变关系，太阳辐射越高，生理等效温度值越高。

冬季生理等效温度和小气候因子相关性分析　　　　　　　　　　　　　　表 5.7

生理等效温度		太阳辐射（wat/m²）	空气温度（℃）	阵风风速（m/s）	空间相对湿度（%）
全区	Pearson 相关性	.911**	.697**	.547**	−.330**
	显著性（双侧）	.000	.000	.000	.000
	N	580	580	580	580
开敞空间	Pearson 相关性	.935**	.945**	.363**	−.301**
	显著性（双侧）	.000	.000	.000	.000
	N	145	145	145	145
半开敞空间	Pearson 相关性	.966**	.736**	.363**	−.672**
	显著性（双侧）	.000	.000	.000	.000
	N	145	145	145	145
半封闭空间	Pearson 相关性	.819**	.766**	.505**	−.593**
	显著性（双侧）	.000	.000	.000	.000
	N	145	145	145	145
封闭空间	Pearson 相关性	.884**	.781**	.367**	−.545**
	显著性（双侧）	.000	.000	.000	.000
	N	145	145	145	145

注：① ** 在 0.01 水平（双侧）上显著相关。
　　②本表中的 .911 指 0.911，其余同种表达均为此意。

图 5.11 是冬季各空间生理等效温度与小气候因子相关曲线拟合图。从图中可见，能显著影响生理等效温度的小气候因子是太阳辐射，生理等效温度与之呈线性正相关，即太阳辐射越大，生理等效温度越大；生理等效温度和空气温度呈曲线函数关系，生理等效温度增幅随温度增高而加大，在空气温度高于 6.5℃之后生理等效温度增长幅度骤增；生理等效温度和阵风风速相关性较前三者略低，在风速低于 0.35m/s 时，生理等效温度随风速增加而增加，风速高于 0.35m/s 时，生理等效温度随风速增加而降低；生理等效温度与空气相对湿度的关系为气温越低生理等效温度越低，但当气温接近 0℃且空气相对湿度高于约 70% 后，空气相对湿度越大，生理等效温度越高。

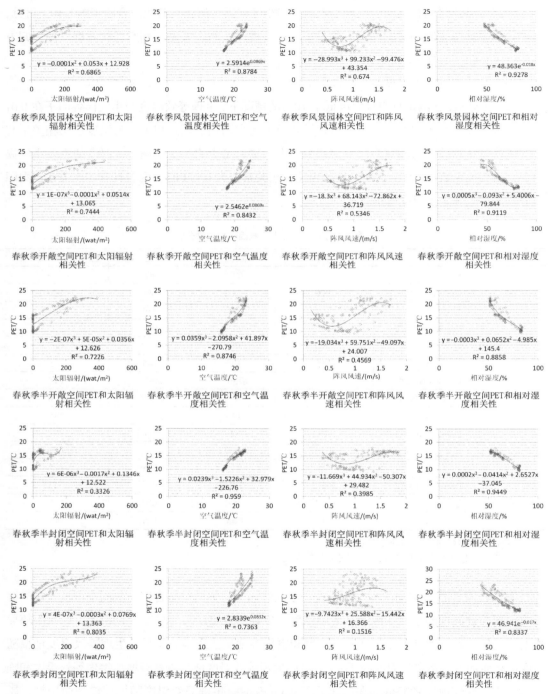

春秋季风景园林空间PET和太阳辐射相关性　春秋季风景园林空间PET和空气温度相关性　春秋季风景园林空间PET和阵风风速相关性　春秋季风景园林空间PET和相对湿度相关性

春秋季开敞空间PET和太阳辐射相关性　春秋季开敞空间PET和空气温度相关性　春秋季开敞空间PET和阵风风速相关性　春秋季开敞空间PET和相对湿度相关性

春秋季半开敞空间PET和太阳辐射相关性　春秋季半开敞空间PET和空气温度相关性　春秋季半开敞空间PET和阵风风速相关性　春秋季半开敞空间PET和相对湿度相关性

春秋季半封闭空间PET和太阳辐射相关性　春秋季半封闭空间PET和空气温度相关性　春秋季半封闭空间PET和阵风风速相关性　春秋季半封闭空间PET和相对湿度相关性

春秋季封闭空间PET和太阳辐射相关性　春秋季封闭空间PET和空气温度相关性　春秋季封闭空间PET和阵风风速相关性　春秋季封闭空间PET和相对湿度相关性

图 5.9　春秋季生理等效温度和小气候因子曲线拟合

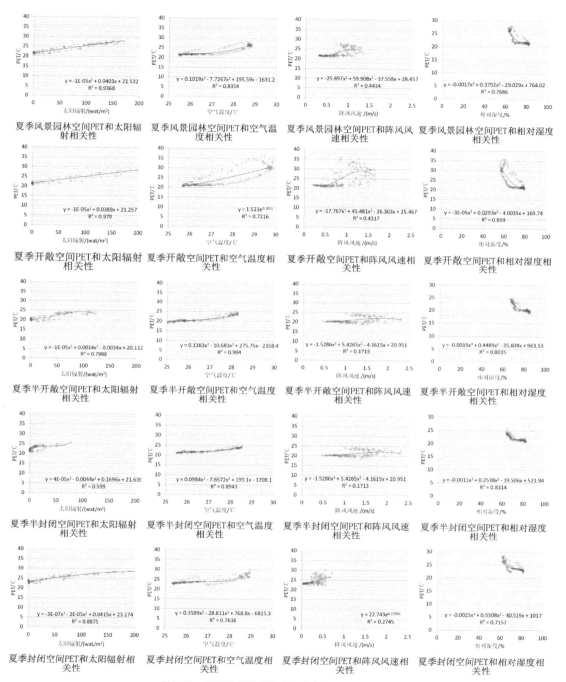

图 5.10　夏季生理等效温度和小气候因子曲线拟合

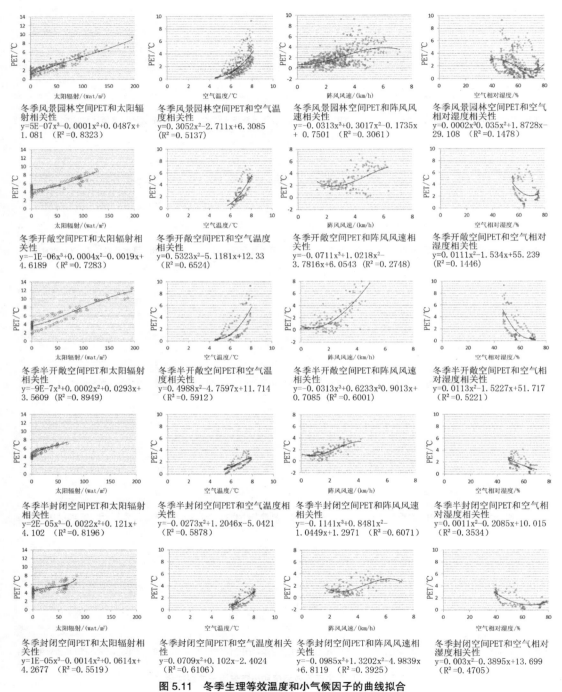

图 5.11　冬季生理等效温度和小气候因子的曲线拟合

5.3.2.2　生理等效温度与低高频比值比较

生理等效温度与低高频比值的关系讨论，主要运用定性的排序比较法，用于发现各季节空间的生理感受客观评价与主观评价是否吻合。

低高频比值的变化趋势反映了人体在不同气候温度下的自我调节强度。由图 5.6 可推测，在人体能感知的过冷或过热的不舒适环境下，低高频比值偏高；在适中的令人舒适的温度环境下，低高频比值偏低。

对各空间四季的生理等效温度感受评价结果进行的总结包括：春秋季生理等效温度感受评价排序（封闭空间＞半开敞空间＞开敞空间＞半封闭空间）、夏季生理等效温度感受评价排序（开敞空间＞封闭空间＞半开敞空间＞半封闭空间）、冬季生理等效温度感受评价排序（开敞空间＞半封闭空间＞半开敞空间＞封闭空间）。

对表 5.8 的两组数据进行粗略对比可初步判断，生理等效温度排序和低高频比值排序大致呈反比。下文将进一步从生理等效温度和低高频比值的变化规律比较中考证两者是否真正存在反比关系。

生理等效温度和低高频比值排序对比　　　　　　　　　表 5.8

	生理等效温度感受评价由高到低排序			低高频比值由低到高排序		
	春秋季	夏季	冬季	春秋季	夏季	冬季
开敞空间	3	1	1	3	3	1
半开敞空间	2	3	3	2	1	4
半封闭空间	4	4	2	4	4	2
封闭空间	1	2	4	1	2	2

5.3.2.3　热感觉投票与低高频比值比较

根据与生理实验同步进行的热感觉主观问卷投票，检验其与低高频比值的相互验证关系。排序比较法仍是本节使用的主要方法，两者评价排序比较结果可见表 5.9，初步对比，两项指标排序存在较大差异。

热感觉投票和低高频比值排序比较　　　　　　　　　表 5.9

	热感觉投票评价由高到低排序			低高频比值由低到高排序		
	春秋季	夏季	冬季	春秋季	夏季	冬季
开敞空间	3	2	1	3	3	1
半开敞空间	1	3	3	2	1	4
半封闭空间	2	1	4	4	4	2
封闭空间	4	4	2	1	2	2

5.4 分析和讨论

5.4.1 各空间生理等效温度季节变化特征

5.4.1.1 春秋季各空间生理等效温度与小气候因子

根据上节生理等效温度回归分析图可见，人体春秋季的生理等效温度受空气温度影响程度最大，其次受空气相对湿度影响，再次为太阳辐射影响，最弱的影响因子是阵风风速。针对各空间的生理等效温度感受差异，分空间列出对应的春秋季小气候因子范围。开敞空间的太阳辐射持续稳定，空气温度处在17.71~25.11℃的范围内，空间内持续有约0.9m/s的微风，空气相对湿度维持在42.43%~84.03%之间。生理等效温度平均值居中，为15.5℃。半开敞空间的太阳辐射低，空气温度与开敞空间相似，但阵风风速变化速度快、幅度大，空气湿度比重较开敞空间大约2%，生理等效温度值与开敞空间相仿，为15.6℃。半封闭空间受人工遮阳设备影响，若无太阳直射，生理等效温度与太阳辐射的相关系数低，阵风变化对生理等效温度影响不明显。但半封闭空间的生理等效温度与空气温度和空气相对湿度的相关系数最大，拟合度最高。可见春秋季影响半封闭空间最大的小气候因子是空气温度和空气相对湿度。由于同类情况下，半封闭空间的空气相对湿度、阵风风速与周边持平，但太阳辐射过低，因此生理等效温度值为春秋季同比最低（13.9℃），约为封闭空间的一半。封闭空间内太阳辐射强，空气温度和空气相对湿度适中，阵风风速变化平和、幅度小，全区同比生理等效温度体感最佳（26.7℃），远远高出其他空间。

春秋季生理等效温度分析结果表明，各空间中，评价最高的是封闭空间，其次是半封闭空间和开敞空间，半开敞空间最低（表5.10）。春秋季感受评价舒适的小气候特征为：空气温度18~25℃；相对湿度66%~85%；连续风力约1.0m/s且波动平和，兼有多种遮阳方式。

春秋季住区各风景园林空间小气候特征　　　　　　表5.10

生理等效温度均值 / （℃）	空间类型	小气候因子均值			
		热环境因子		风环境因子	湿环境因子
		太阳辐射 / （wat/m²）	空气温度 / （℃）	阵风风速 / （m/s）	相对湿度 / （%）
15.5	开敞空间	82.43	20.48	0.31	64.91
15.6	半封闭空间	78.15	19.64	0.24	66.64
13.9	半开敞空间	26.71	19.70	0.30	65.66
16.7	封闭空间	79.24	20.67	0.26	64.49

5.4.1.2 夏季各空间生理等效温度与小气候因子

人体夏季感受受热环境影响最大，其中太阳辐射强度是影响各类空间体验的最主要因子；

其次受湿环境影响；最弱的影响因子是风环境。其中湿环境中的空气相对湿度因子与人体生理舒适感受呈负相关关系。小气候各因子中，需要强调的是阵风风速的特殊性。阵风风速对生理感受的影响分为 3 个阶段，当风速低于 0.6m/s 时，风速越大，生理等效温度感受越差；当风速维持在 0.6~1.2m/s 之间时，风速越大感受越佳；当风速大于 1.2m/s 时，体感恢复到风速越大感受越差的状态。

下文分别列出夏季各空间的生理等效温度感受对应的小气候因子范围。夏季开敞空间的各小气候因子变化范围为：太阳辐射稳定在 200~400wat/m² 之间，空气温度处在 25.66~29.84℃ 范围内，空间内不间断地有约 3.13m/s 的微风，空气相对湿度维持在 55.71%~78.90% 之间。由于强烈的太阳辐射及其引起的高温环境，夏季开敞空间生理等效温度平均值最高，为 24.85℃。半开敞空间的太阳辐射低、空气温度低，但阵风风速变化幅度小、空气湿度最高、生理等效温度值平均值居中为 21.19℃。半封闭空间生理等效温度与太阳辐射的相关系数较高，阵风风速小，变化幅度小，对生理等效温度的影响较小。同时，半封闭空间的空气相对湿度与周边持平，阵风风速偏低，因此生理等效温度值为春秋季最低（20.60℃）。夏季封闭空间内太阳辐射强度较低，空气温度和相对湿度适中，阵风风速最小，全区同比生理等效温度体感居中（23.80℃）。

夏季各空间的小气候环境影响元素表述如下。开敞空间硬质铺装面积最大，导致太阳直射辐射和地表辐射吸收量多，空气温度增幅明显，持续时间长。半开敞空间的相对湿度、空气温度相关性大。虽然夏季半开敞空间内水体吸收的太阳辐射较多，但储热能力强，不易增温。因此，半开敞空间周边空气温度变化幅度小于其他空间。半封闭空间由于有人工遮阳设备的存在，太阳辐射总量最小，但空间内空气流通受阻，热量集聚效应明显，因此空间内较为闷热。封闭空间植被覆盖率高（70%），由于植被的蒸腾和蒸发作用消耗的潜热大于硬质铺装，这使得封闭空间与周围空气热交换量减少，获得的热量少，热效应降低。

夏季生理等效温度评价最高的是开敞空间，其次为封闭空间，半开敞空间再次，半封闭空间最低（表 5.11）。夏季感受评价突出空间的小气候特征为：连续且约 >3m/s 的微风，空气温度低于 30℃，有遮阳的休息场所，空气相对湿度在 55%~70%。

夏季住区各风景园林空间小气候特征　　　　　　　　　　　　　　　　　　　表 5.11

生理等效温度均值 /（℃）	空间类型	小气候因子均值			
		热环境因子		风环境因子	湿环境因子
		太阳辐射 /（wat/m²）	空气温度 /（℃）	阵风风速 /（m/s）	相对湿度 /（%）
24.85	开敞空间	98.90	27.48	0.87	68.53
21.19	半开敞空间	27.36	26.58	1.26	76.46
20.6	半封闭空间	7.68	26.93	0.62	72.71
23.8	封闭空间	36.07	26.94	0.31	72.28

5.4.1.3 冬季各空间生理等效温度与小气候因子

根据回归分析可见，人体冬季感受受热环境影响最大，其中太阳辐射强度是影响各类空间体验的最主要因子；其次受风环境影响；最弱的影响因子是湿环境。对冬季各空间的生理等效温度感受差异总述，列出对应的小气候因子范围如下。开敞空间的太阳辐射持续稳定，气温保持在 6~8℃，空间内持续有约 0.1m/s 的微风，空气相对湿度维持在 55%~57% 之间。生理等效温度在全区内的平均值最高，舒适度最高。半开敞空间受太阳辐射影响，气温变化幅度最大，尤其表现在最低温度，较其他空间低约 1.5℃；阵风连续风速偏大且变化幅度较大；相对湿度居中，在 55%~75% 范围内。日间的太阳辐射最大值最高，生理等效温度最大值相应也为最高；夜间所有空间的太阳辐射为 0wat/m² 时，由于受到风的影响，半开敞空间的空气温度最低，生理等效温度值最低。因此生理等效温度总体感受偏低。半封闭空间受人工遮阳设备影响，太阳终日无法直射，生理等效温度与太阳辐射相关性表现良好，究其原因，与空间内为硬质铺地，可吸收并保存大部分热辐射有关。空间内温度变化平稳，由于受建筑物遮挡，风速偏低且不持续，相对湿度维持在 50%~70%，生理等效温度最大值和最小值皆为最低，体感最为恒定。封闭空间受空间内大面积植被及周边建筑物遮阳影响，太阳辐射强度最低，且生理等效温度与太阳辐射相关性最低。空气温度变化稳定在 6~8℃，风速受围合方式影响较为多变，相对湿度变化幅度最大为 40%~80%，空间内生理等效温度平均值最低，理论体感最冷，但生理等效温度变化范围和差值都较半封闭空间大，热感觉随时间的变化较大，温度感受差异较半封闭空间大。

由表 5.12 可见各类小气候因子影响下的生理等效温度均值分布情况。在实验的四类空间中，半开敞空间的太阳辐射强度最大，空气温度也最高，虽然风速适中、空气相对湿度高，但还是有最高的生理等效温度感受值，最适宜人群活动。半封闭空间虽无太阳直射，辐射总量低，但空气温度适中，在风速和相对湿度最低的情况下，也具备体感较好的条件。半开敞空间风速快、湿度高，湿空气的流动带走了部分空间内部热量，降低了空气温度，因此即便太阳辐射最大，人体仍感觉不舒适。封闭空间乔灌草丰富，植被覆盖率高，空间围合紧密，太阳辐射低，空气相对湿度昼高夜低，加之立面上的出入口狭窄，形成明显的风道，人体舒适感受最差。

冬季各风景园林空间小气候及空间结构特征小结 表 5.12

生理等效温度均值 / （℃）	空间类型	小气候因子均值			
		热环境因子		风环境因子	湿环境因子
		太阳辐射 /（wat/m²）	空气温度 /（℃）	阵风风速 /（m/s）	相对湿度 /（%）
2.8	开敞空间	28.06	6.99	1.01	66.18
2.1	半封闭空间	8.48	6.52	0.50	57.65
1.8	半开敞空间	32.25	6.18	0.60	58.98
1.6	封闭空间	18.57	6.8	0.99	58.37

5.4.2　各指标对比

5.4.2.1　生理等效温度与低高频比值

比较结果发现，基于小气候环境计算得出的理论生理等效温度值和基于受试者实际体验的低高频比值所得出的风景园林各空间季节性变化规律大体上相互符合。

春秋季除半封闭空间外，开敞空间、半开敞空间、封闭空间的生理等效温度和低高频比值体感舒适度均为良好，且三者投票率相仿，满意度接近。生理等效温度结果和低高频比值大体一致，区别在于前三类空间的先后排序存在微小不同。低高频比值和生理等效温度两项结果均表明春秋季各空间皆处于舒适体感的范围内，受试人群对小气候环境的接受程度全年最高。

夏季除半封闭空间和封闭空间外，开敞空间和半开敞空间的生理等效温度和低高频比值排序相差较大。生理等效温度结论认为夏季开敞空间得到的评价最高，但实地测量的低高频比值显示人体机能在半开敞空间是最适宜的。说明生理等效温度模型在评估现场生理感受时仍存在一定偏差。

冬季生理等效温度值和低高频比值都表明开敞空间是冬季最舒适的活动场所。其他三类空间均存在相应的小气候环境不足，如半开敞空间风速过大；半封闭空间太阳辐射总量不足；封闭空间空气相对湿度过高，都对人体生理的舒适感受造成了负面影响。

总体而言，低高频比值和生理等效温度呈反比关系，即生理等效温度越高，低高频比值越低。这和医学界学者对心率变异性和热舒适关系的研究发现一致，当人体处于不舒适状态时，其低高频比值显著高于处于舒适状态时的比值[124]。可由此推论，冬季的人体生理不舒适感觉最强，夏季的生理感受居中，春秋季的生理舒适感最佳。

5.4.2.2　热感觉投票与低高频比值

对体感的主观热感觉投票和心率变异性低高频比值结果相比较，可见四季中两者存在一定差异。

春秋季热感觉投票和低高频比值排序结果比较显示，除开敞空间在两者排序中同处第三位外，其他 3 类空间排序均有不同。但根据前文对生理等效温度和低高频比值的具体数据分析，可以初步判断春秋季各风景园林空间之间的感受差异不大。该结论也在与生理感受实测同步进行的问卷访谈过程中得到受试者的认同，即春秋季的整体小气候环境适宜，人体在各类空间之间穿行活动时，体验到的生理感受相差较小。因此定性的排序比较法在春秋季的生理感受评价中无法提供有力的空间差异证明。

夏季低高频比值和热感觉投票存在明显差异。各空间排序分布均不同，原因与太阳辐射、阵风风速、空气相对湿度因子在各空间的明显差异有关。该比对的差别结果或可证明个体在提供心理感受评价时，大脑已有意识地依据个体属性特征，对获取的数据进行部分处理，因而出现了本能生理反应和思考后的意识性信息输出之间存在较大差别的现象。该结论说明定性的心理感受投票无法完全反映受试者真实的身心感受，有力证明了生理感受量化研究的重要性。

冬季低高频比值和热舒适投票大致相同，开敞空间和封闭空间都是冬季的舒适空间，而半开敞空间和半封闭空间的体感舒适性较差。沪杭冬季阴冷的大环境使人体对阳光产生强烈需求，此需求可在天气适当的情况下在前两类人工硬质材料占比较高的空间中得到满足，半封闭空间和半开敞空间中由于水体和植被过多造成的阴湿感受是人们刻意回避的主要原因。因此可见，冬季人工景观要素较多的空间舒适感较佳，相反自然景观要素较多的空间冬季体感相对较差。

5.5　研究结论

本章证明了定量化的实地生理测试在风景园林感受评价中的重要性，单纯依靠定性研究无法得出精确可信的热感受评价结果。风景园林空间小气候环境的生理感受评价研究结论归总为以下内容。

5.5.1　小气候环境对生理感受的作用机制

环境对人体的作用机制已在上文表述为感应机制、调节机制、适应机制和测定机制。本章主要针对人体的感应和自我调节作了相应的实验研究。

研究结果表明，人对环境，尤其是小气候环境的生理感应机制是人体内在的条件反射。外界环境通过人体内外部的各种感受器官或感受器，将刺激传输到中枢神经系统，引发神经冲动，继而再次通过神经返回至人体器官，进行应答反应。在这个过程中，大脑对信息生理部分的处理过程，就称为"生理知觉"。反应过程中最大的处理器是人的体表皮肤，皮肤对环境中的小气候因子的信息接收和反馈过程，即是小气候的生理感知过程。生理感知评价研究结果表明热环境是影响人体生理感受的最根本要素，人体的冷热感知是对小气候刺激最主要的生理反应。

除了生理感应机制，本章还探讨了生理调节机制。生理调节机制是由人在适应环境过程中的适应性反应。人是恒温动物，在环境超过人体适应阈值后，人体的自主神经系统会通过血管、肌肉、汗腺等器官的收缩、颤抖、出汗等作用，减少或增加散热量，将体温调节到相对恒定的范围内。自主神经系统对人体热感受和热平衡起到至关重要的作用。研究中的心率变异性分析可以反映自主神经系统的活动情况。对心率变异性的研究结果证明，在实验空间中，冬季的人体生理不舒适感觉最强，夏季的人体生理感受居中，春秋季的人体生理舒适感最佳。

5.5.2　小气候环境对生理感受的影响

5.5.2.1　小气候环境对人体机能存在较大影响

综合实验结果，春秋季生理等效温度评价突出的小气候特征为：空气温度 18~25℃，相对湿度 66%~85%，连续风力约 1.0m/s 且波动平缓，兼有多种遮阳方式。夏季特征为：大于 3m/s 的连续微风，空气温度低于 30℃，有遮阳的休息场所，空气相对湿度在 55%~70%。冬季特征为：太阳辐射持续稳定，气温高于 6C，约 0.1m/s 的微风但不持续，空气相对湿度维持在 55%~57%。各季小气候主导因子的差异是导致人体生理感受季节性差异的根本性原因。

5.5.2.2　风景园林空间各季节体感差异显著

夏季体感舒适的空间类型依次为封闭空间、半开敞空间、开敞空间、半封闭空间。夏季体感舒适的空间类型依次为开敞空间、封闭空间、半开敞空间、半封闭空间。冬季体感舒适的空间类型依次为开敞空间、半封闭空间、半开敞空间、封闭空间，且冬季人工景观空间的舒适性比自然景观空间高。

5.5.2.3　心神经的激动反应会引发体温调节，导致人体不舒适感受

基于低高频比值的心电图变化表明交感神经系统在人感觉热不舒适时会发生明显变化，即心神经的激动反应会引发体温调节，导致人体热不舒适。考虑到热舒适和热不舒适的低高频比值差异，低高频比值可作为人体热舒适度的生理评价指标。低高频比值和生理等效温度呈反比关系，即生理等效温度越高，低高频比值越低。由此推测，冬季的人体生理不舒适感觉最强，夏季的生理感受居中，春秋季的生理舒适感最佳。

5.5.2.4　生理等效温度和低高频比值和主观体感舒适的评价存在一定差距

生理等效温度和低高频比值和主观体感舒适的评价存在一定差距，表明人体在受到外界环境刺激后，会通过个体所具备的体能特征、个体属性对自身进行自我调节，并产生特殊的自我感知，并且作出行为意识的反馈。另外也说明，单一的模型计算方法无法精确表达实际的场所感受。

5.6　本章小结

本章通过对生理等效温度生理等效温度和心率变异性低高频比值指标的客观计算和测量，确定了两者对风景园林空间的生理感受评价中的有效作用，并初步探讨了主观评价指标

热感觉投票的运用，验证了主客观生理感受之间的关系。

　　生理等效温度、低高频比值和热感觉投票的对比结论说明，小气候环境的感觉评价是风景园林环境感受研究中非常重要的考量指标。以生理参数为客观指标，结合主观评价的研究方法，是在传统且完全主观的热舒适判定基础上进行的必要改进。低高频比值可有效应用于热舒适和热不舒适的差异性比较中，作为评价人体热舒适的重要参考指标。

　　本章初步涉及心理感受层面的评价。研究同时发现了低高频比值和热感觉投票存在较大差别，排除各季各空间之间客观存在的物理特性，该结果说明人体在受到外界刺激时，会根据自身属性作出相应调整，并据此输出具备个体特殊性的感受评价结果。为探究个体基于相同的物理环境，在自身生理感受上作出的可能存在的心理感受评价差异，研究将在下章对心理感受展开具体实验，并进行详细的讨论和分析。

　　本实验也存在一定缺陷，实验过程中的行走任务本身和其他非考量的因素对生理指标的测量产生了一定干扰。人体生理感受评估是基于测量人类生理数据的传感器使用完成的。除了受试者的生理机能影响外，心理变化也对生理数据同样造成了一定影响[275]。此类测量需要对结果进行降噪和误差排除，这也对更先进的数据采集和分析技术，以及更优控制的实验设计方案提出了更高要求。

第 6 章

风景园林心理感受评价

风景园林环境心理感受评价实验是风景园林小气候感受评价身心感受评价的第二项研究内容，也是"刺激—反应"机制中"反应"的另一个组成部分。对心理感受评价的研究以问卷访谈为主要方法。研究于 2015 年 2 月至 2016 年 12 月期间在实验地区完成。主要使用心理物理学派中的等级评分法录入使用者在空间使用过程中的主观感受评价，通过对风景园林空间环境的现场心理感受评价调查，测试并分析各空间活动人群在四季使用中潜在的心理影响机制。

6.1　研究背景、目标和方法

6.1.1　理论背景

6.1.1.1　心理感受

上文在生理感受章节中阐明，当热环境处于稳定状态时，皮肤温度可以较好地预测热感觉。但当热环境条件突变时，人体反应会出现一定的滞后或超越现象。国内外众多学者，如盖奇、张辉（H. Zhang）[276]、长野一夫（K. Nagano）[277]、敖顺荣[278]、李畅[279]、于连广[280] 等人都对该现象进行了相关研究，证实在温度突变时，心理感应会超前于生理感应先达到平衡，因此生理感应不能独立作为热感觉评价指标，还应附加上心理感受指标。但至今，心理感受尚不能通过完全便携式仪器设备完成系统、精确、全面的测量，因此主观问卷仍是心理感受评价的主要研究方法。

第 2 章已将影响心理感受的因素分为外在因素和内在因素两方面。外在因素又分为外界环境的物理刺激和暴露时长。物理刺激在本书中特指小气候环境的刺激，该部分内容已在第 4 章中进行过分析研究，并得出了相应结论。外在因素的暴露时长涉及使用人群在风景园林空间中的行为活动，本书第7章风景园林空间行为活动研究将就活动时长和时段进行专项研究。影响心理感受的内在因素包括人的自然属性，对相似环境的已有经验（热经历），对自身感受的心理期待（热期待、热偏好）和对自我身心状态的控制力。个体已有的热经历会形成历史记忆，直接影响人的热感觉。当热期望和实际热环境状态产生较大差异时，会引起人们的心理落差，从而影响热感觉。热偏好是个体对相同环境产生的不同喜好情况。个体属性和已有经历的不同都会导致不同的热偏好。

6.1.1.2　心理感受评价

心理感受评价由对受试者个体属性的调查和小气候主观感受评价构成。

（1）个体属性分类

人的个体属性包括年龄、性别和地域等。从年龄背景来看，人体的基础新陈代谢率随着年龄的增长而下降。通常认为，老年人对热舒适的要求较高，但由于老年人的户外或室内活动量较小，一般而言，他们比年轻人更喜欢高温环境。从性别差异来看，通常认为女性对热舒适的感受比男性更为敏感，因为女性的皮肤温度比男子低大约0.2℃，且单位面积的代谢率比男性低6%~10%[281]。从地域属性来看，来自不同地域的人在身体特征、饮食结构、文化传统以及生活习惯等方面均存在不同，因而可能对热舒适的要求也会不同[282]。综合各类文献可确定的是，人的热舒适感觉受多种因素影响，一天中同一个人的热舒适标准也有可能发生变化，但个体属性与热舒适之间的关系至今尚无权威定论。

（2）小气候主观感受评价

主观心理因素是影响小气候感受的主要因素之一。不同的心理状态对环境的承受能力也存在差异。在积极的心理状态下，人会对环境产生较强的适应能力；在消极的心理状态下，该热适应力相对减弱。舒适的热感受是通过小气候环境、人的生理状态和心理状态三部分要素共同作用实现的，但三者对热舒适的影响权重仍有待进一步研究[283]。

6.1.2　研究目的和方法

尽管研究对象和方向各异，但户外舒适度研究被公认为是一个复杂的问题。由于受到个体心理因素和社会文化背景等因素的影响，人的户外感受不能单纯依靠物理环境的测定或生理感受测量来解决[137, 149, 284]。沪杭气候四季分明，季节气候差异大，空间内小气候变化明显，导致人在四季的舒适感体验差别也较大。本章将通过问卷调查发现各季风景园林空间的小气候环境和人体舒适需求的差距，并确定影响人类感受评价的各季主要小气候因素，构建心理舒适感和空间使用之间的联系。

6.1.2.1　研究目标

风景园林小气候环境心理感受研究章节试图找寻各季节小气候对使用者感受的不同影响、探寻风景园林空间使用中普遍的热心理感受规律；量化计算实验地区，主要是上海住区中心城区的风景园林空间热中性温度。

6.1.2.2　研究方法

小气候心理感受评价在沪杭典型风景园林空间中通过问卷访谈方式进行，本节重点介绍实验设计、问卷设计和实验数据分析的实施途径。

（1）问卷访谈

问卷根据各季平均日长和人群活动时间，在春秋季实验日的 7：00~19：00、夏季实验日的 7：00~21：00、冬季实验日的 8：00~18：00，采用纸质和网络相结合的形式进行。本课题组成员协助被访者，在便携式气象站有效测量范围之内完成，问卷即时收回。对无法自行填写问卷的老人和幼儿，由访问者提问并代为填写。问卷的完成时长平均为每份 10 分钟。问卷调查的目的是通过个人的主观感受值与实测的小气候环境参数进行同步相关分析，以获取主观感受评价和客观物理环境之间的内在关系。

综合相关户外热舒适主观问卷内容设计[143, 158, 177-178]，本问卷重点调查受访人群的个人属性特征，在风景园林空间中的停留时长、活动状态、活动内容以及对热、风、湿等小气候环境的心理感受和偏好评价。问卷详见附录 A，问卷内容包括受访者的自然属性信息和对小气候环境的主观感受与偏好投票。受访者的自然属性是指受访者的性别、年龄、原住地、在沪时长、职业、过去 1 小时内的主要活动方式、生理及心理健康状况。

热评价研究[285]的主观评价方式包括：热感觉投票、热舒适投票、湿感觉投票、风速感觉投票、太阳辐射感觉投票、热感受投票、热期望投票等。本书从对小气候环境因子的三元划分方式出发，将主观评价指标确定为热感觉和热舒适投票、风感觉投票以及湿感觉投票，并在主观感觉投票的基础上附加对热环境、风环境和湿环境的感受偏好投票。

其中热感觉评价采用 ASHRAE 7 点热感觉投票（–3 冷、–2 凉、–1 稍凉、0 适中、1 暖、2 稍热，3 热）；热舒适采用 5 点投票法（–4 不可忍受、–3 很不舒适、–2 不舒适、–1 稍不舒适、0 舒适）；热偏好采用 McIntyre 偏好尺（现在希望：–1 更冷、0 不变、1 更热）。此外问卷还对遮阳偏好进行了调查（希望有：–2 全遮阳、–1 部分遮阳、0 无遮阳）；风感受投票分为风力投票（0 无风、1 微风、2 和风、3 大风、4 劲风），和风力偏好投票（希望风力变得：–1 更弱、0 不变、1 更强）；湿感受评估包括空气湿度感受投票（–2 太干、–1 干、0 适中、1 湿、2 太湿）以及闷感受投票（–4 不可忍受、–3 很闷、–2 闷、–1 稍不舒畅、0 舒畅）。

值得注意的是，中国气象局对风力等级划分了统一标准（附录 B），但该标准的风速测定位置为离地 10m 的高空，因此表中的陆地地面物象无法精确表示近地面风力带来的感受。受城市建筑环境影响,本实验关注离地 1.5m 高处,也就是大部分人群可接受风感高度的风速。鉴于该高度的风速一般比 10m 高处的风速低,使用者切实感受到的地面物象可在风力等级划分表的基础上改变 1~2 个等级。因此,本问卷在实验地区测得的小气候环境实际数据基础上,选用风力等级划分标准中与实际风力贴合的 5 类风力名称作为风感受评价标准,详见表 6.1[286]。

中国气象局风力等级划分标准   表 6.1

风级	名称	风速（m/s）	陆地地面物象
0	无风	0.0~0.2	静烟直上
1	软风	0.5~1.5	烟示风向
2	轻风	1.6~3.3	感觉有风
3	微风	3.4~5.4	旌旗展开
4	和风	5.5~7.9	吹起尘土

来源：改绘自中国气象局风力等级划分标准

（2）数据分析

本章使用人体生物学指标生理等效温度为主要指标评估使用者在特定测点的小气候条件下的实际热舒适感受。区别于第 5 章的生理等效温度理论计算结果,本章生理等效温度数据基于主观投票结果进行了更符合实际结果的调整,可更精确地反映使用者实际感受评价。

本书采用统计产品与服务解决方案、Excel 软件对空气温度、相对湿度、风速、平均热感觉投票值（MTSV）、平均热舒适投票值（MTCV）等指标进行统计和分析。平均热感觉投票为在相同的生理等效温度值中所有热感觉投票值的平均值[41],平均热舒适投票值同理。其中,关键指标平均热感觉投票值无法由单一因素影响,它由小气候因素综合决定,同时也与个人的生理特点、代谢产热、生活习惯等主观因素有关[287]。

6.2 研究结果

6.2.1 问卷调查结果

全年总计现场发放问卷 1200 份,收回问卷 1185 份,其中有效问卷 933 份,包括春季 195 份、夏季 509 份、冬季 229 份（表 6.2）。

主观问卷数量统计表   表 6.2

	春秋季	夏季	冬季
发放问卷	411	542	232

续表

	春秋季	夏季	冬季
无效问卷	216	33	3
有效问卷	195	509	229
有效问卷总计	933		

对受访者基本情况调查发现，总受访人群中，女性数量占 60.6%，居大多数。62.6% 的受访者为中老年人群，年龄集中在 50~80 岁。受访者对风景园林空间的使用时间集中在上午和下午两个时段，全年在 12：00~14：30 时段出行的人数偏少，导致问卷数量也少。冬季总游憩人数较其他季节少，也导致问卷数量偏少。由于访问对象均在沪杭居住超过 3 年，已习惯所在地区气候，可认为样本均为当地人群。

6.2.1.1　热感觉投票和热舒适投票

人体具备一定的热调节能力，所以人可以适应相当范围内的环境变化，但是能让人们感觉舒适的范围却很窄[288]。因此对小气候环境的适应和舒适范围应予以明确区分。

（1）热感觉投票

图 6.1 显示了全年的热感觉投票百分比分布情况。各季趋势线都遵循正态分布规律，投票结果中"适中"比例均保持在最高点，投票百分比处于 40%~45% 的高位区间。值得注意的是，两侧的折线变化规律有明显差别。春秋季热感觉投票"凉快"和"稍凉"的选择比例比"暖热"区间高；夏季选择"暖"的比例较高，但同时"稍凉"的选择数比"稍暖"高出 4.14 个百分点；冬季折线两侧的选择相似。热感觉投票结果说明使用者可以分别适应各个季节的特定气候，但在各季却拥有不同的热感觉偏向。

（2）热舒适投票

图 6.2 全年热舒适投票结果显示使用者认为春秋季舒适度最佳，夏季第二，冬季最低。春秋季高于 50% 的使用者选择"舒适"，其余将近 40% 的投票数集中在"稍不舒适"和"不舒适"，认为"很不舒适"或"不可忍受"的投票数均占据不到 5%。夏季有 48.14% 的使用者选择"舒适"，将近 40% 的使用者选择"稍不舒适"，两者之和接近 90%。冬季分别有约

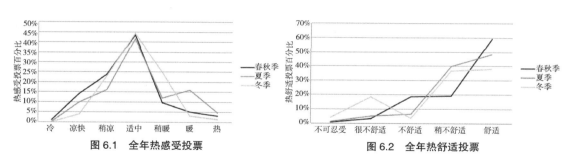

图 6.1　全年热感受投票　　　　　　　　　图 6.2　全年热舒适投票

37%的使用者认为气候"舒适"或"稍不舒适",但觉得"很不舒适"的人群占据18.26%。相对春秋季和夏季,冬季的小气候不满意率明显增高。但总体而言,使用者对于全年各季节的气候舒适度大都持满意态度,这与热感觉投票结果吻合。

6.2.1.2　风感觉投票

　　风感觉投票百分比(图6.3)显示,使用者普遍认为各季风力均集中在"轻风"和"微风"等低风力状态,且春秋季的风力大于夏季和冬季。春秋季和夏季都有将近80%的使用者投票给"轻风"和"微风",这一比例远远高于冬季的50%。但前两者的差别在于春秋季"微风"的投票数居高,夏季"轻风"的投票数居高。冬季约35%的投票数为"轻风",同时各有26.09%的使用者认为空间内风力为"无风"或"微风"。四季选择"和风"和"劲风"的人数较少,反映出试验地的风力普遍较为缓和。

6.2.1.3　湿感觉投票

　　沪杭受到海洋气候影响,属亚热带季风气候,空气较为湿润。对使用者的湿感受投票百分比(图6.4)统计结果显示,3条折线均为正态分布,各季超过50%的使用者认为空气相对湿度"适中"。其中春秋季的投票率最高,夏季第二,冬季最低。可见大多数使用者认为沪杭的冬季比夏季和春秋季干爽。但比较相邻的"偏干"和"偏湿"两个选项,全年选择"偏湿"的人数明显大于"偏干"。相较而言,"极湿"和"偏干"的投票比例相近,选择"极干"的人数最少。

6.2.1.4　小气候感受偏好投票统计

　　使用者全年的小气候偏好投票百分比统计(图6.5)包含气温偏好、光强度偏好、风力偏好和湿度偏好,分别对应小气候的热、风、湿三要素。小气候因子偏好选择统计结果符合四季的气候变化特征。气温的季节性偏好选择结果显示,春秋季和冬季认为气温合适的人群占大多数。春秋季选择更高和更低温度的人数相近;夏季超过60%的使用者认为气温过高,几乎无人偏好更高气温,大部分人群均偏向更凉爽的选择;冬季希望气温更高的人数接近40%。光偏好的选择对应的太阳辐射因子,春秋季和夏季希望阳光强度不变的投票率占绝大

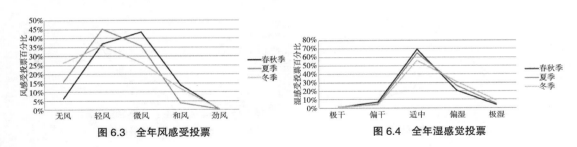

图6.3　全年风感受投票　　　　　　图6.4　全年湿感觉投票

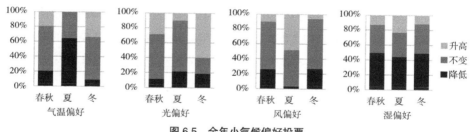

图 6.5　全年小气候偏好投票

多数，冬季 60% 的使用者希望阳光可以变得更强烈，符合体感寒冷的热投票结果。风力偏好结果中夏季较为特殊。春秋季和冬季 60% 以上的使用者希望风力不变，但夏季希望风力增大的人数急剧上升，表明夏季人们有希望更凉快的需求。四季中空气相对湿度偏好选择的结果相仿，全年超过 40% 的人希望可以降低湿度，30% 以上的使用者已适应该湿度，选择"不变"。

6.2.1.5　生理等效温度结果

各空间的生理等效温度感受评价（表 6.3），春秋季评价排序为：封闭空间＞半开敞空间＞开敞空间＞半封闭空间；夏季评价排序：开敞空间＞封闭空间＞半开敞空间＞半封闭空间；冬季评价排序：开敞空间＞半封闭空间＞半开敞空间＞封闭空间。可见，开敞空间是全年最受欢迎的空间类型，相反，半封闭空间是最不受欢迎的空间类型。

各空间季节性生理等效温度感受评价排序　　　　　　　　　表 6.3

	开敞空间	半开敞空间	半封闭空间	封闭空间
春秋季	3	2	4	1
夏季	1	3	4	2
冬季	1	3	2	4

注：颜色的"深—浅"分别代表评价结果的"优—劣"。

6.2.2　生理等效温度和平均热感觉投票相关性分析

将受访者的心理感受通过热感觉投票与基于实际小气候数据计算得出的生理等效温度值进行主客观数据的 Pearson 相关分析，分析内容包含四季各空间的平均热感觉投票和生理等效温度、热、风、湿因子。

本节根据每 1K 范围内生理等效温度对应的热感觉投票域值，计算平均热感觉投票数值，继而通过生理等效温度与平均热感觉投票之间的相关性分析，运用公式推导出实验地风景园林空间的中性生理等效温度。

分析结果从表 6.4 可见，（1）春秋季除了封闭空间的平均热感觉投票在 0.01 水平上与空气温度（P=0.313，R^2=0.0979）和阵风风速（P=-0.280，R^2=0.0785）存在微弱的相关性外，平均热感觉投票基本和生理等效温度及小气候因子无相关关系。初步判断春秋季中，微小空间越封闭，内部小气候环境对人体感受造成的影响越明显。（2）夏季各空间的平均热感觉投票和太阳辐射、空气温度、生理等效温度存在显著相关，在此基础上，半封闭空间的平均热感觉投票与空气相对湿度呈显著负相关。（3）冬季平均热感觉投票和空气温度、相对湿度有显著的相关关系，其中半封闭空间的平均热感觉投票与热、湿因子和生理等效温度都存在相关性。该表说明夏冬季节小气候对人体感受影响较大，且夏季影响因素集中在热因子上，冬季则集中在热、湿因子上。

各季节平均热感觉投票与生理等效温度、小气候因子相关性分析　　　　表 6.4

季节	空间类型	平均热感觉投票	生理等效温度（℃）	太阳辐射（wat/m²）	空气温度（℃）	阵风速风（m/s）	空间相对湿度（%）
春秋季	开敞空间	Pearson 相关性	.138	.106	.115	−.164	.042
		显著性（双侧）	.282	.410	.367	.200	.743
		N	63	63	63	63	63
	半开敞空间	Pearson 相关性	−.200	−.209	−.150	.140	.322
		显著性（双侧）	.442	.422	.565	.591	.207
		N	17	17	17	17	17
	半封闭空间	Pearson 相关性	.148	.118	.094	−.105	.060
		显著性（双侧）	.462	.558	.640	.604	.768
		N	27	27	27	27	27
	封闭空间	Pearson 相关性	.160	.073	.313**	−.280**	.080
		显著性（双侧）	.136	.500	.003	.008	.457
		N	88	88	88	88	88
夏季	开敞空间	Pearson 相关性	.270**	.228**	.162*	−.060	−.107
		显著性（双侧）	.000	.003	.038	.443	.170
		N	165	165	165	165	165
	半开敞空间	Pearson 相关性	.344**	.419**	.219**	−.074	.067
		显著性（双侧）	.000	.000	.007	.366	.411
		N	151	151	151	151	151
	半封闭空间	Pearson 相关性	.434**	.254**	.410**	−.102	−.422**
		显著性（双侧）	.000	.002	.000	.214	.000
		N	151	151	151	151	151
	封闭空间	Pearson 相关性	.378**	.178*	.289**	−.229**	−.185*
		显著性（双侧）	.000	.036	.001	.007	.029
		N	138	138	138	138	138
冬季	开敞空间	Pearson 相关性	.097	−.132	.355**	−.121	−.463**
		显著性（双侧）	.265	.130	.000	.166	.000
		N	133	133	133	133	133

续表

季节	空间类型	平均热感觉投票	生理等效温度（℃）	太阳辐射（wat/m²）	空气温度（℃）	阵风速风（m/s）	空间相对湿度（%）
冬季	半开敞空间	Pearson 相关性	.867**	.888**	.637**	.322*	.945**
		显著性（双侧）	.000	.000	.000	.029	.000
		N	46	46	46	46	46
	半封闭空间	Pearson 相关性	.163	.018	.264	−.231	−.291*
		显著性（双侧）	.279	.904	.076	.123	.049
		N	46	46	46	46	46
	封闭空间	Pearson 相关性	.022	−.222	.427*	−.167	−.493**
		显著性（双侧）	.913	.265	.026	.405	.009
		N	27	27	27	27	27

注：① ** 在 .01 水平（双侧）上显著相关。
② * 在 0.05 水平（双侧）上显著相关。
③本表中的 .138 指 0.138，其余同种表达均为此意。

6.2.3　各季节生理等效温度热中性温度

各季节各空间的中性生理等效温度范围，需根据平均热感觉投票计算[289]。平均热感觉投票和生理等效温度的线性回归分析可用于显示各季 4 类空间中平均热感觉投票和生理等效温度之间的相关性。

6.2.3.1　春秋季

图 6.6 为春秋季平均热感觉投票和生理等效温度的线性回归分析图。春秋季平均热感觉投票回归函数的计算公式分别如下。

春秋季开敞空间：$MTSV = 0.02 \times PET - 0.1493$（$R^2 = 0.0424$）　　　　　　（6.1）

春秋季半开敞空间：$MTSV = 0.0354 \times PET - 0.3269$（$R^2 = 0.0555$）　　　（6.2）

春秋季半封闭空间：$MTSV = 0.0313 \times PET - 0.8561$（$R^2 = 0.0431$）　　　（6.3）

春秋季封闭空间：$MTSV = 0.0263 \times PET - 0.138$（$R^2 = 0.0394$）　　　　（6.4）

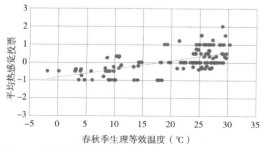

图 6.6　春秋季生理等效温度与平均热感觉投票线性拟合

春秋季的相关系数（R²）整体偏低，生理等效温度范围涵盖气象学上对春夏秋冬的所有气温限定，说明实验地普通民众对大范围跨度的生理等效温度变化适应度较高，对小气候变化没有强烈倾向的心理感受。绝大多数热感觉投票仍集中选择在"适中"和"稍凉"，即"0"～"–1"的热中性选择，春秋季的热中性温度为18.32℃。按空间划分，开敞空间的热中性温度最高，半开敞空间的热中性温度最低。各空间热中性范围从高到低排序为开敞空间＞半封闭空间＞封闭空间＞半开敞空间。风景园林空间总体回归方程列为：

春秋季风景园林空间：

$$MTSV = 0.047 \times PET-0.8611（R^2 = 0.3871）\tag{6.5}$$

6.2.3.2 夏季

图6.7为夏季平均热感觉投票和生理等效温度的线性回归分析图，夏季各空间平均热感觉投票计算公式分别列出如下：

夏季开敞空间：$MTSV= 0.1475 \times PET-4.0137（R^2 = 0.2897）$　　　　（6.6）

夏季半开敞空间：$MTSV= 0.0642 \times PET-1.603（R^2 = 0.3462）$　　　（6.7）

夏季半封闭空间：$MTSV= 0.2183 \times PET-5.4845（R^2 = 0.4149）$　　　（6.8）

夏季封闭空间：$MTSV= 0.1448 \times PET-4.0673（R^2 = 0.2002）$　　　　（6.9）

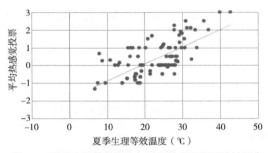

图6.7 夏季生理等效温度与平均热感觉投票线性拟合

相比春秋季，夏季受访者对小气候的反应更加敏感，R^2和回归系数都较春秋季高。根据夏季风景园林空间的总体回归方程：

夏季风景园林空间：

$$MTSV = 0.0967 \times PET-1.8669（R^2 = 0.4534）\tag{6.10}$$

按上述模型可计算得出，实验地区典型风景园林空间的夏季中性温度为27.25℃，热舒适区间范围在22.46~32.04℃之间。封闭空间的热中性温度最高，为28.09℃；半开敞空间的热中性温度最低，为24.97℃；开敞空间和半封闭空间的热中性温度分别为27.82℃和25.12℃。

6.2.3.3 冬季

图6.8为冬季平均热感觉投票和生理等效温度的线性回归分析图，冬季各空间平均热感

觉投票计算公式分别列出如下：

冬季开敞空间：$MTSV = 0.0397 \times PET - 0.2301$（$R^2 = 0.0763$）　　　　（6.11）

冬季半开敞空间：$MTSV = 0.1497 \times PET - 1.1204$（$R^2 = 0.2646$）　　　（6.12）

冬季半封闭空间：$MTSV = 0.0123 \times PET - 0.1117$（$R^2 = 0.005$）　　　（6.13）

冬季封闭空间：$MTSV = 0.1275 \times PET - 0.8936$（$R^2 = 0.3623$）　　　（6.14）

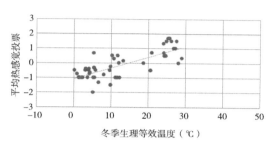

图 6.8　冬季生理等效温度与平均热感觉投票线性拟合

冬季各空间的 R^2 和相关系数变化在全年处于适中位置，变化稳定。通过冬季总体回归方程：

冬季风景园林空间：

$$MTSV = 0.0742 \times PET - 1.1066（R^2 = 0.5907）\qquad（6.15）$$

根据模型计算得出的冬季生理等效温度中性温度为 6.24℃，热舒适范围为 –4.42~16.90℃。其中开敞空间为 5.80℃，半开敞空间为 7.48℃，半封闭空间为 –9.08℃，封闭空间为 7.01℃。

6.2.3.4　全年

综合春夏秋冬全年数据（图 6.9），沪杭风景园林空间全年生理等效温度计算方程如下，计算结果可知，全年的热中性温度为 24.45℃。

$$MTSV = 0.0647 \times PET - 1.1474（R^2 = 0.4442）\qquad（6.16）$$

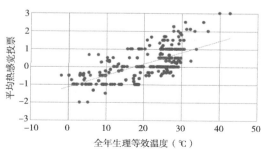

图 6.9　全年生理等效温度与平均热感觉投票线性拟合

6.3　讨论

本书第 1 章已明确提出，使用者对小气候环境的感受可分为内在因素和外在因素两方面，内在因素又进一步被分为自然属性、已有经验、心理期待和自我控制，外在因素则包括环境刺激和暴露时长。其中涉及生理感受的因素包括：第一，自然属性，指个体的机能特征；第二，部分的自我控制，即人体自主热平衡和热调节能力。外在因素的环境刺激已在小气候环境评价章节作了详细研究，暴露时长对感受的影响将在行为活动评价研究章节予以说明。

排除生理因素，人对环境的心理感受主要包括已有经验、心理期待和自我控制，即热经历、热期待和热偏好、热调节。本书的心理感受研究就这 3 类因素对心理感受的影响作用作了相应总结，并通过心理感受实验结果的分析讨论，将心理感受评价研究结论进行了概括。

6.3.1　热经历及热心理

热经历是个体在人脑中储存的对相似活动空间的过往经历的记忆。原有经历中的时间、地点、场景特征都会对个体产生强烈的心理暗示。此类暗示会对人的感受造成直接影响，且过往的热经历时间越长，刺激越强烈，对即时热感受的影响就越大。热经历和现有的热感受之间存在一定的差异，在个体初到某个空间环境时，该差异的表现最为明显。

本研究受试对象的地域属性均为本地，受试者的已有热经历与实验环境一致，因而，研究中热经历的普遍性大于特殊性，热经历因素对心理感受的特殊干扰并不明显。

6.3.2　热期待与热偏好

热期待是个体对某种热环境产生的憧憬和向往，是一种心理状态。热期待和实际热环境状态的差异会引起心理落差，这种由上至下的心理变化过程会影响即时热感受，导致热感受评价的低值倾向。

热偏好是个体出于内在和外在条件的不同，对相同环境产生的不同喜好偏向。这种内外的条件包括个体原有的属性、热经历、即时心理状态等。热期待和热偏好存在相当部分的交集。当个体对环境产生热期待的同时，说明个体已有了相应的热偏好。同时，实际热环境对个体的刺激也会导致热偏好的加强或削弱。

热期待和热偏好在本研究中统一使用偏好投票予以综合评价。研究中对小气候环境的热、风、湿环境因子分别进行了三级偏好投票统计。在热经历相似的前提下，研究发现大部分受试人群对实际小气候环境产生了一致的偏好倾向。说明热经历对热偏好（热期待）具有较强的影响作用。

研究对小气候因子偏好选择的统计结果符合沪杭四季的气候变化特征。在对小气候因子的实际选择结果中发现：人更愿意在有阳光直射的位置活动，但夏季在该区域活动人数比例最少；在四面环绕高层建筑，且风力不稳定的情况下，人群均愿意在有风处活动，但冬季该比例偏少；比起植被茂密的空间带来的凉湿，人们更愿意靠近水体感受凉爽，该现象在夏季表现得尤为突出。

研究发现热偏好对心理感受的影响包括以下内容。春秋季小气候对人体感受的影响不明显，夏冬两季小气候对人体感受影响较大。夏季影响因素集中在热因子（太阳辐射和空气温度），冬季则集中在热、湿因子（空气温度和相对湿度）上。大多数居民认为实验地区的冬季比夏季和春秋季干爽，四季中，春秋季舒适度最佳，夏季第二，冬季最低。对空间类型的喜好通过生理等效温度感受评价排序显示为：全年最受欢迎的空间类型是开敞空间，相反，最不受欢迎的空间类型是半封闭空间。

6.3.3　热调节与热中性温度

热调节包含生理调节和心理调节。生理调节部分已在生理感受章节中作了生理感应机制和生理调节机制的阐述。本章关注人对小气候环境的心理适应和调节机制。

心理适应是人适应复杂环境变化的过程。它指个体的心理器官在重复受到心理负荷承载范围内的刺激后，产生的习以为常的状态。和生理热负荷原理一样，心理热负荷也存在一定限度，当心理冲击超过该限度时，会产生心理突变现象。极端的气候环境不仅会对人的身体机能造成过负荷影响，也会对人的心理造成过压影响。本研究的心理热适应过程，限制在心理负荷的承受范围之内。

心理调节是指人在用感官认识环境，用头脑感知环境的过程中，人脑对外界环境的刺激和内部情感反应之间关系作出的平衡协调。人通过对外界事物进行正确认识和评价，从而保持稳定情绪，以及良好的身心健康状态。

人对小气候环境的适应和调节能力具有一定的负荷极限，也存在相对舒适的阈值。本章研究普遍情况下，能使人产生心理舒适感受的小气候变化范围。

研究发现，实验地区典型风景园林空间全年生理等效温度热中性温度为24.45℃，高于荷兰格罗宁根的22.2℃，低于中国台中的25.6℃[221]。但各季节差异明显，具体到四季：春秋季可接受的热舒适范围广泛，覆盖测试日的所有温度；夏季生理等效温度中性温度27.25℃；冬季生理等效温度中性温度为6.24℃。与更高纬度（天津的11~24℃）和更低纬度地区（如香港的14~29℃）的研究结果相比，沪杭人群对小气候条件的季节多变性具有更高的忍耐力。相对于寒冷气候，沪杭民众更容易忍受炎热气候下的户外活动。热感觉投票结果同样证明了这一结论，且说明使用者可以分别适应各个季节的特定气候，但各季又分别存在不同的热感觉偏向。

6.4　研究结论

春秋季的热中性模型发现相同热感觉投票等级对应的生理等效温度范围跨度非常大，虽然仍可得出 18.32℃的热中性温度，但体感舒适区广泛（2.5~31.9℃）。从整体层面，再次反映了沪杭受访者对春秋季的小气候环境不敏感。

根据夏季热中性模型计算得出，沪杭夏季中性温度为 27.25℃，热舒适区间范围在 22.46~32.04℃之间。按空间划分，开敞空间的热中性温度最高，半开敞空间的热中性温度最低。各空间热中性温度从高到低排序为封闭空间 28.09℃＞开敞空间 27.82℃＞半封闭空间 25.12℃＞半开敞空间 24.97℃。

冬季生理等效温度中性温度为 6.24℃，热舒适范围为 –4.42~16.90℃。冬季受访者对小气候表现出的空间敏感度差异较大，以半封闭空间的表现最为明显。各空间热中性温度排序为：半开敞空间 7.48℃＞封闭空间 7.01℃＞开敞空间 5.80℃＞半封闭空间 –9.08℃。

沪杭风景园林空间全年的热中性温度为 24.45℃，但全年热可接受范围却远远大于世界其他地区。本研究采用 MTSV=–0.5~0.5 计算各季节中性生理等效温度值，得出春秋季心理实验测定的生理等效温度范围为 2.5~36.9℃，夏季为 17.6~48.3℃；冬季为 –1.8~24.8℃。这与沪杭各季的气候变化幅度范围广有较大关系。在小气候因子的综合影响下，各季的体感温度跨度范围大。相比高纬度或低纬度这类气候相对的稳定的地区来说，气候变化多样且剧烈的沪杭，使其居民拥有更强的适应能力和更广泛的热舒适范围。

6.5　本章小结

本章在沪杭典型风景园林空间物理环境对人体的刺激研究基础上，结合生理感受评价研究，分析讨论了使用者全年对小气候环境的热舒适心理评价。研究通过问卷调查和访谈得出使用者对小气候因子的感受等级评分和偏好投票结果，并运用生理等效温度指数来评估使用者因小气候环境引起的热舒适感受。研究应用大量数据的相关性分析证明小气候对人体舒适感的影响，最终明确了沪杭地区典型风景园林空间中各季和全年的中性生理等效温度，并从心理感受层面验证了小气候环境对人造成的四季影响，量化了人们冬求热、夏求冷的热心理倾向。

第 7 章

风景园林空间行为活动评价研究

本章实验对应环境心理学层次论中"理论—实验—客体—反证"的"客体"层次。风景园林空间的人群行为活动研究以生理评价和心理评价研究，使用行为活动观测记录方法，对在风景园林空间中进行主动休憩的人群展开风景园林环境感受评价的第四项实验——行为活动观测实验。该项研究可用来验证前两项"反应"实验结果的真实性和可靠性，并与小气候环境实测数据结果进行对比，多维度地探讨使用者对小气候环境的多元感受评价。

7.1 研究背景、目的与方法

7.1.1 研究背景

对人类行为活动的研究重点关注环境心理学"环境—人"中的"人"这一环节。勒温将环境定义成行为的决定因素，认为行为是人与环境共同构成的公式[186]，正是对"环境—人"关系的有力阐释。

人类行为活动有集聚性、时域性、地域性之分，人际交往也有动态性和变化性的特征。风景园林规划设计师需要运用小气候来影响和营造具有归属感的良性社会交往空间，创造满足各代际需求的积极场所。风景园林空间内的行为活动是因为个体受到环境的"刺激"，从自身感受出发，顺应环境条件作出的本能自发性"反应"。越优越的小气候环境空间，人群聚集越明显；越恶劣的小气候环境空间，人群活动越稀少。不可见的小气候环境与活动人群之间相互影响、相互改造，两者的关系一直处于动态变化的过程。因此，如何在变化中找寻、维持和营造风景园林空间各季小气候适宜性环境的平衡点就变得至关重要。使用者对所处空间环境通常用脚投票。对使用者用脚投票的观察记录，即是对人群行为活动的观察记录，记录结果可有效论证小气候空间适宜性的研究结果。

居住区是城市空间的重要组成部分，约占城市面积的 30% 以上[41]。居民的生活形态和序列可分为 3 个生活圈。这 3 个生活圈从内到外、从小到大、从低级到高级依次为核心生活圈、基本生活圈和城市生活圈。其中核心生活圈和基本生活圈内的行为活动大多在居住区内进行。环境包括自然环境、人工环境和社会环境，住区环境的优劣直接影响居民的日常出行和户外活动。本研究主要关注其中的自然环境和人工环境，涉及部分社会环境。

人对环境的需求分为 5 个层次。（1）生理需求。户外空间应保持空气清新，阳光充足，通风良好，没有噪声，冬暖夏凉，满足生理优先的需求。（2）安全需求。个人生活，包括人身财产的安全不受侵犯。（3）社交需求。人和人之间的接触关系的建立都是城市社会环境中必不可少的活动。（4）休闲需求。休息、游戏、运动、娱乐等休憩活动是户外空间常见的活动形式。（5）美感需求。空间环境的宜人度和舒适性会带给居民身心的双重体验，提高生活幸福感。在这 5 项需求中，与本章密切相关的是生理需求和休闲需求。生理需求直接受到自然物理环境，即小气候环境的影响。休闲需求表现为人的行为活动，本书所关注的风景园林空间中的行为活动都出于人的休闲需求。

居民在风景园林空间中的活动可分为必要性活动、自发性活动和社会性活动。必要性活动指大多数居民日常进行的活动，如上下班或外出购物过程中在风景园林空间内的通行。这类活动是必须完成的，自主选择可能性较少，一般不受小气候的影响。自发性活动是指有主动参与的意愿，在环境条件允许的情况下才会发生的活动。这类活动受外部环境影响较大，是本书的重点研究对象。社会性活动是指人在空间中与他人一起完成的活动，对时间和空间有一定要求，与物质空间的联系密切，同样属于本书的研究对象。

7.1.2 研究目的

对在小气候影响下的风景园林空间居民行为活动的研究目标包括：发现人在风景园林空间活动过程中，对小气候环境的不同选择；从个体需求出发，发现因小气候环境各异，对人体行为活动造成的影响；通过行为活动评价结果，探索指导风景园林设计实践的设计方法。

7.1.3 研究方法

环境心理学中常用的研究方法包括观察（参与性、旁观性和隐蔽性观察，行为痕迹分析）、访谈、问卷、行为地图、定时获得记录、依次摄影或定时间隔连续摄影、录像、各类相关材料的收集与分析等。

本章应用的研究方法主要有：参与性观察、访谈、问卷、定时间隔连续摄影、各类相关材料的收集与分析。研究在具体的小气候环境行为活动观测过程中，观察并记录各风景园林空间的到访量、使用者年龄、活动时段和时长等数据，用于反映使用者基于不同小气候环境的行为特征，以及对小气候环境的使用偏好和心理感受。区别于小气候环境测定和身心感受评价的定量化研究方法，本章采用定性的研究方法。

行为活动的观测记录根据预实验对使用状况的观察，在问卷调查同时，于 2014 年 2 月至 2016 年 12 月春秋季的 7：00~19：00、夏季的 7：00~21：00、冬季的 7：00~18：00，安排专门人员使用即时数据记录结合数码相机拍照的方法，对被测空间内自主休憩的人群进行数量、性别、年龄、活动时长和活动内容的观测记录。记录时间间隔和气象站自记时间间隔一致，为 10 分钟。观察记录不干扰人群行为活动的时间、内容、节奏和范围，客观录入使用者的空间选择和活动规律。

7.2 研究策略

分析户外空间中的人类活动通常采用 5W 法作为总体策略，即将研究分为 5 类要素：时间（When）、人群（Who）、地点（Where）、行为目的（Why）和活动内容（How）。探讨活动的不同时空特点和规律有助于提出所需的设计策略。了解活动群体在特定时空中的活动规律和固有模式是分析相关行为场景和行为习性的核心。研究行为活动的根本目的在于改进相关环境和空间的规划、设计与管理。

7.2.1 活动时间要素

观测员在每季度的典型气象日中观测记录当地人群行为活动的开始与结束时间及其持续时长。观测记录与前 3 项主体实验同步进行。所使用的历时性观测有助于研究者了解小气候环境带来的人群活动模式变化。

7.2.2 活动人群要素

研究在不涉及个人隐私的情况下，了解活动个体和群体的背景资料，如性别、年龄、职业、文化程度、出行方式等。同一群体的活动往往存在相似的目的性和明确的指向性。因此，研究以同类背景或活动内容作为基本单元进行分析。

7.2.3 活动空间要素

对风景园林空间进行分类，不但要了解空间中的自然、人工和社会等组成要素，也应了解与空间活动密切相关的潜在气候条件。这种结合小气候环境与空间形态，讨论自发性活动与社会性活动的综合认知观，有利于判断人群对活动空间的选择，指导实际空间设计。

7.2.4 活动目的要素

目的出于动机，动机来源于需要。动机和目的是环境与行为相互作用的产物。但在现场研究中，活动者的目标和动机较难把握，活动目的可能随时转换或替代，同一活动场所的人群不一定都具有完全相同的目的。因此该项要素多用于特定时段和空间内的定性研究。

7.2.5 活动内容要素

活动内容要素相对容易把控。活动内容要素可结合其他 4 类要素，用于分析人群的聚集方式、组织状态、活动强度、参与程度、空间使用情况、活动进程、规律和结果等。活动的聚集方式和参与程度反映了各人群的活动目的，可分为主动表演、主动参与、被动参与、主动旁观和被动旁观。

7.3 研究目的和方法

7.4 研究结果

本实验包括各空间日到访量、人口属性、活动时间和时长的比较。将风景园林空间使用人群的季节性行为活动特征和偏好，与本书划定的风景园林空间类型作比对，发现各空间活动量的差异。

7.4.1 各空间日到访量比较

各空间日平均到访量（图 7.1）统计结果显示，四季中不同空间的使用率存在显著差异。其中，开敞空间使用率最高，占 46.79%；封闭空间其次，占 23.28%；半开敞空间再次，占 18.52%；半封闭空间最低，占 11.41%。且该规律具有一定普遍性。

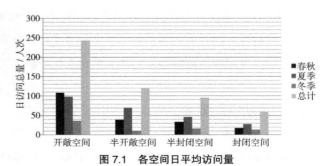

图 7.1 各空间日平均访问量

7.4.2 各空间人口属性比较

多项研究表明人对风景园林环境的评价和个体自然属性的各项组成因子有关，包括年龄、受教育程度、居住时间、家庭规模、收入和职业地位、社会地位等[290]。但相应地，也有学者对该类研究提出质疑。李洪涛、庞海荣认为男性对社区环境的满意度评价略高于女性，但差异不明显[291]。王常熙认为年龄和职业对总体评价水平存在显著影响，但不同学历受访者对环境满意度的总体评价没有显著差异。李雪铭等的研究显示年龄层次对总体评价水平的影响不大，但文化素质和收入水平与评价结果呈正相关[292]。

7.4.2.1 各空间到访者性别比较

调查结果（图 7.2）发现，排除婴幼儿群体，各空间活动人群的女性人数均大于男性人数。开敞空间的性别差异最为明显，差值达 36.2%；其余 3 类空间性别差约为 7%；总体统计结果，女性使用者占全部活动人群的 62.7%。可见公共风景园林空间中，女性群体为主要使用人群。该结果与问卷调查统计结果相似，说明问卷调查可以真实反映实际使用人群情况。

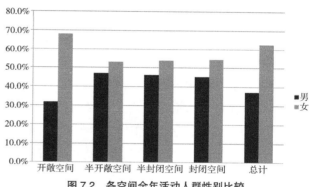

图 7.2 各空间全年活动人群性别比较

7.4.2.2 各空间到访年龄层比较

（1）年龄划分方法

2010 年，联合国世界卫生组织发布的"关于身体活动有益健康的全球建议"明确提出按照实际身体情况，建议人群分 3 个年龄段进行身体运动。此 3 个年龄段分别是：5~17 岁的儿童和青少年、18~64 岁的成人、65 岁以上的老年人[201]。本研究中因有大量低龄幼儿存在，故加入 0~4 岁幼儿，另增加为一组。所有使用者按年龄层划分为 4 类（表 7.1）。

年龄层划分标准　　　　　　　　　　　　　　　　　　　　表 7.1

年龄	0~4	5~17	18~64	≥ 65
人群	幼儿	儿童和青少年	成人	老年人

（2）到访者年龄层比较

0~4 岁的幼儿。低龄幼儿的活动受到成人监护者限制。幼儿跟随监护人外出活动，平均每名幼儿有 1~2 名成年人陪同，在开敞空间、封闭空间和半开敞空间之间转换活动内容，较少涉及半封闭空间，其中又以开敞空间和配备有大型游戏设施的封闭空间居多。

5~17 岁的儿童和青少年。5~17 岁的儿童和青少年组在全年现场调查记录结果中仅出现10 人次，占总人数的 0.21%，同比人数少，难以分析活动规律，不具备研究价值，故本书不作重点分析。

18~64 岁的成人组年龄跨度最大，人数最多。从活动目的出发，可将本组人群分为自发活动和携同幼儿活动两类。自发活动集中于同年龄段，多聚集在开敞空间、半封闭空间等有休息座椅的空间。携同幼儿的成年人以幼儿活动需求为共同目的，部分跟随幼儿活动轨迹行动。

65 岁及以上年龄的老年人在日常生活中活动频率最高且停留时间最长的访问半径叫作"5 分钟出行距离"，老人在距离住处步行 5 分钟可达的区域内较易产生安全感、亲切感和信赖感。按老人平均 3~3.5km/h 的步行速度计算，5 分钟的活动半径为 250~300m。观测结果同样证明，老年人的主要活动场所在此范围内，即自家小院、宅前绿地、组团绿地、中心花园等，其中以中心花园为主。

（3）各年龄层到访规律

综合各年龄段人群的日常生活时间安排，万科绘制出了社会各年龄层作息规律图[293]（图 7.3）。图上可见，学生和工作人群在工作日鲜有活动时间。一般而言，住区公共空间的主要使用人群为中老年人和低龄儿童（幼儿）。现场观测也证明了此推断。对全年观测的所有活动人数统计分析可用各年龄段活动人数比例（图 7.4）和各年龄段空间选择偏好（图 7.5）表示。记录结果显示，中老年人和低龄幼儿是户外环境的主要使用群体。

笔者将四类年龄段的主要活动特征进行了概括。从各年龄段空间选择偏好统计（图 7.5）可见，开敞空间是所有年龄段人群最偏爱的选择，活动人次远远高于其他风景园林空间。除开敞空间外，0~4 岁幼儿偏爱半开敞空间和封闭空间；5~17 岁青少年儿童喜欢封闭空间；18~64 岁成人对三类空间选择无明显偏好；65 岁及以上老年人偏爱半封闭空间。

图 7.3　社会各年龄层作息规律图
来源：万科全龄社区养老地产模型研究分析报告

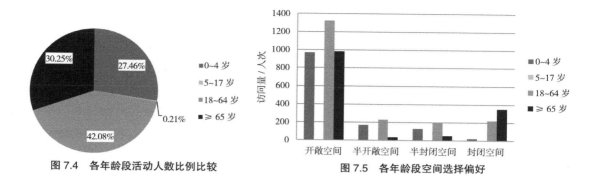

图 7.4　各年龄段活动人数比例比较

图 7.5　各年龄段空间选择偏好

7.4.3　各空间活动时段和时长比较

将各风景园林空间全年活动人次按 5 类级别分层排列,分别为 0~10 人次、11~100 人次、101~500 人次、501~1000 人次以及 1000 人次以上。分析发现四季各空间的活动高峰分布情况(图 7.6),全年平均活动高峰时段可大致归纳为上午的 7 : 00~12 : 00 和下午的 15 : 00~18 : 00。

各空间的季节性活动量统计结果如下。(1)春秋季活动延续时间最久,除半开敞空间外,活动时段覆盖所有空间的全部实验时间。具体表现为所有活动主要集中在上午 7 : 00~12 : 00 和傍晚 15 : 00~18 : 00。(2)夏季的活动时间集中在全天早晚。上午的 7 : 00~10 : 30 和下午至晚间的 15 : 00~21 : 00,活动人数均占全年同比的最高(除半开敞空间的晚间,因为环湖步道一般狭窄且灯光微弱,存在一定安全隐患)。但夏日午间时段所有空间的活动人数均低于 10 位,且多于 90% 的时间活动人数为 0。(3)相较其他季节,冬季活动时间集中在每日午间前后,主要分布在 9 : 00~12 : 00 和 15 : 30~18 : 00。

全年各年龄段活动时长统计表明:中老年人的平均锻炼时长约为 1 小时,幼儿单次活动

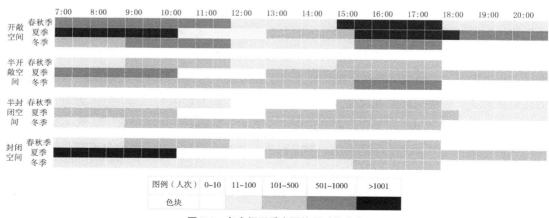

图 7.6　各空间四季主要使用时段分布

时长约为 1.5 小时。总体活动时长比较发现，春秋季单次活动时长最久，为 1~2 小时；夏季为 1~1.5 小时；冬季活动时长最短，为 0.5 小时。

7.5 分析与讨论

埃利亚松[34] 的研究认为，晴空指数、空气温度和风速对行为活动影响占 50% 以上方差，表明这三个气候因素对人们的行为评估存在显著影响。下文就使用者数量和基本属性与小气候的关系展开深入探讨。

7.5.1 使用者与小气候选择

7.5.1.1 活动人数和小气候

风景园林空间的使用者数量，可以体现小气候环境对人群行为活动的影响。户外风景园林空间是具有复杂复合功能的空间场所，是发生锻炼、游戏、休息等多类型多内容行为活动的主要场地。使用功能的差异会影响使用者对热环境的心理期待，继而导致不同的空间使用状况。研究尽可能排除场地功能引发的人数差异，发掘小气候条件对活动人数的影响。

使用者数量和小气候的相关性分析研究以不同季节的气候条件为基础。笔者尝试在本书中探讨相似气候背景下，城市居民产生不同空间使用方式与小气候选择的原因。需要说明的是，本实验的设定基础为居民平常的活动出行，以多数人群出行时段为实验时间，极端天气或非正常休憩活动不在本实验研究范围之内。

由活动人数和小气候的相关性分析（表 7.2、图 7.7）可见：（1）春秋季活动人数和小气候各因子之间不存在显著的统计学意义上的相关性，即春秋季人们的出行休憩与小气候没有必然的联系，或者说，春秋季的小气候环境是居民全然接受的。（2）夏季风景园林空间的活动人数与小气候因子中的阵风风速存在 0.05 水平上的负相关，阵风风速越大，活动人数越少。其他的小气候因子与活动人数不存在统计学意义上的相关性。（3）冬季风景园林空间的活动人数和小气候因子中的空气温度存在 0.01 水平上的显著正相关，与阵风风速存在 0.05 水平上的显著正相关，表明空气温度越高，阵风风速越大，活动人数越多。（4）全年活动人数与小气候热、风、湿因子和生理等效温度呈正相关关系，太阳辐射、空气温度、生理等效温度与活动人群数量在 0.01 水平上呈弱相关，阵风风速和相对湿度与活动人群数量不具备统计学意义上的相关关系。

可以说影响人群出行活动的小气候诱因主要集中在太阳辐射和空气温度因子上，也与人体综合感受密切相关，但与阵风风速因子、空气相对湿度因子的关系较弱。

全年风景园林空间活动人数与小气候因子和生理等效温度相关性分析　表 7.2

		太阳辐射 / （wat/m²）	空气温度 / （℃）	阵风风速 / （m/s）	相对湿度 / （%）	生理等效温度 / （℃）
春季人数 / （人次）	Pearson 相关性	-.007	.019	.039	.088	-.065
	显著性（双侧）	.913	.763	.531	.156	.291
	N	264	264	264	264	264
夏季人数 / （人次）	Pearson 相关性	-.008	-.002	-.119*	-.033	.018
	显著性（双侧）	.887	.967	.030	.549	.741
	N	336	336	336	336	336
冬季人数 / （人次）	Pearson 相关性	-.065	.235**	.128*	-.032	.082
	显著性（双侧）	.295	.000	.037	.607	.186
	N	264	264	264	264	264
全年人数 / （人次）	Pearson 相关性	.112**	.226**	.027	.055	.216**
	显著性（双侧）	.001	.000	.433	.105	.000
	N	864	864	864	864	864

注：① * 在 0.05 水平（双侧）上显著相关。

　　② ** 在 .01 水平（双侧）上显著相关。

　　③本表中的 .019 指 0.019，其余同种表达均为此意。

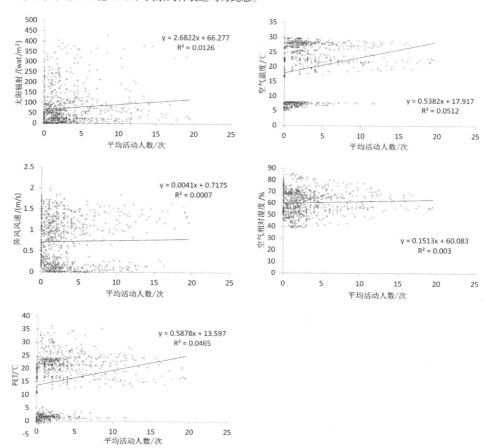

图 7.7　全年活动人数和小气候因子曲线拟合

7.5.1.2 人口属性和小气候

大众认知中原有的可能对小气候感受偏好造成影响的年龄、性别、地域等均与热环境感受偏好缺少关联。人们可以适应过于严寒或酷热的环境并不是因为热偏好，而是因为他们的热忍耐力，即自适应力。本节从主观问卷访谈中的性别、年龄和受访者在风景园林空间中的活动时长出发，分析各人口属性和热感受之间的相关关系。

本研究全年采样数量较大，且样本对象中女性偏多，年龄集中分布在中老年，因此以百分比为标准分析人口特征和热感觉投票比之间的关系更为合适。全年平均人口属性和热感觉投票百分比的分析（图7.8）可见，男性受访者对冷热的体感比女性更加明显，而女性的选择则更集中在"适中"区域。从图上看，最低年龄组对"稍暖"~"热"的感觉最明显。能自主活动的年龄组都可以感觉到各种层次的热感受。其中，中青年人群对各程度的热感受投票分布最为平均，热感觉最敏锐。比对活动时长和热感觉，可大致归纳出活动时间越长，热感觉越明显的规律。但在1.5~2小时区间，该规律出现了反复现象。以上是定性分析的结果，人口基本特征和热感觉的相关关系需进一步量化验证。

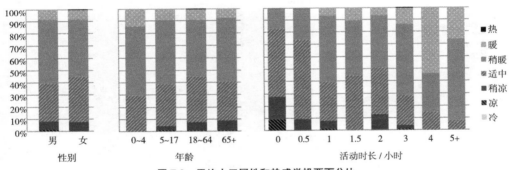

图7.8 平均人口属性和热感觉投票百分比

从年龄、性别、活动时长和热感觉投票的皮尔逊（Pearson）检验（表7.3、图7.9）中发现，年龄、性别和热感觉投票没有统计学上的相关意义。但活动时长和热感觉投票在P=0.249，0.01水平（双侧）上具有微弱相关，两者方程为：

$$TSV = 0.1618 × 活动时长 + 0.3081（R^2=0.0603）\tag{7.1}$$

人在户外的活动时长越长，对"稍凉"~"冷"的感受就越弱，对"稍暖"~"热"的感受就越强。并且这种加强的趋势在半个小时之后，甚至会超越"适中"感受，成为最主要的热感觉。

根据人口自然属性分析结果发现，空间使用人群的性别、年龄均未影响小气候感受和对空间的选择。但活动时长对热感觉有一定影响，可辅助分析人群在活动时的热感受。

热感觉投票与人口属性相关性分析　　　　　　　　　　表 7.3

		年龄	性别	活动时长	热感觉投票
热感觉投票	Pearson 相关性	−.023	−.016	.249**	1
	显著性（双侧）	.508	.635	.000	
	N	848	848	848	848

*. 在 0.05 水平（双侧）上显著相关。
**. 在 .01 水平（双侧）上显著相关。

7.5.1.3　季节性的活动时空选择规律

综合各季节特征，不同空间的活动方式动静属性不同。开敞空间的动态活动最多，且活动时间四季皆有；半开敞空间活动类型偏动态，以冬夏两季为主；封闭空间活动偏静态，以春秋季为主；半封闭空间静态活动最多，同样春秋季使用最为频繁。按活动的动静特征和各季节活动量对各空间进行比较，可绘出人群对活动空间的季节性选择（图 7.10）。

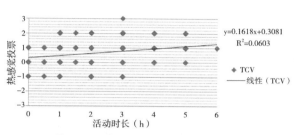

图 7.9　活动时长和热感觉投票曲线拟合

$y=0.1618x+0.3081$
$R^2=0.0603$

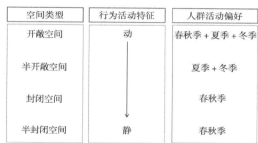

图 7.10　季节性活动空间选择

对风景园林空间环境的物理评价研究结果显示，春秋季各空间的物理环境排序见表 7.4。春秋季节各空间生理和心理感受均为舒适。开敞空间是小气候环境最佳的空间，在夏冬季极端气候的状况下，这种优势尤为突出。在小尺度风景园林空间的标准下，空间开敞程度越大，小气候效应越佳，活动频率越高。

风景园林空间物理环境排序表　　　　　　　　　　表 7.4

	开敞空间	半开敞空间	半封闭空间	封闭空间
春秋季	3	2	4	1
夏季	1	3	2	4
冬季	1	3	2	4

（1）活动空间选择规律小结

对各空间日平均到访量的研究发现，开敞空间的到访量最高，且到访者活动多呈动态形式；封闭空间内的活动人群总数最少，且多偏静态形式。该规律四季相同。作为连接室内和室外空间的最开放空间结构，开敞空间是最受人群欢迎的户外风景园林空间。

夏季是全年活动的高发季节，活动量远高于其他季节。但部分在春、秋、冬季习惯使用开敞空间的人群，在夏季时选择了其他空间。这可能与开敞空间夏季的顶面覆盖不足，导致太阳辐射量过高、空间增温过快有关。冬季是全年活动的低谷期，到访量最少。各空间中，封闭空间的使用率最低。实际观测结果也证明冬季封闭空间的不舒适度最高。封闭空间的全年访问量变化幅度最大，半封闭空间的变幅最小。推测小气候全年变化过程中，封闭空间波动最大，半封闭空间最为稳定，开敞空间波动幅度第二，半开敞空间第三。

（2）活动时长规律小结

基于对各空间的季节性户外活动时长统计，活动时长具有以下季节性规律：①春秋季活动时长最长。春秋季活动特点是延续时间久，几乎覆盖白天的全部时间段。②夏季活动量环比最高，活动时间集中在全天早晚。各空间活动人数全年占比最高。③冬季活动总量全年最低。且时间均集中在每日午间前后。④各季节晚间活动量差别较日间显著。晚间活动时段比较特殊，各季特征分别为：夏季活动人员数量多且延续时间长；春秋季活动人数少，延续时间短；冬季晚间无人活动。

7.5.2 使用者可接受的小气候因子变化范围

使用者可接受范围为主观感受结果，从主观问卷的结果统计中提取出选择"好""较好""非常好"的样本进行比较分析。三者总量占总投票量的80%以上，即视为使用者可接受的范围。结合活动高峰时间和小气候环境实测结果，分别将上午7：00~12：00、下午15：00~18：00和全天24小时的各项小气候因子进行比较，取各时间段内小气候因子和生理等效温度变化范围，绘制各季活动高峰时段的小气候特征图（图7.11）。从该图可推导出人群在各季活动中实际可接受的小气候各因子范围阈值。

7.5.2.1 太阳辐射

各季全天平均太阳辐射变化差异明显，春秋季的太阳辐射值可接受范围在11.56~439.73wat/m² 之间，夏季在0~428.76wat/m² 之间，冬季在0~150.08wat/m² 之间。春夏秋季的太阳辐射范围在450wat/m² 以下。春秋季半开敞空间的太阳辐射值最高。夏季开敞空间的太阳辐射值远高于其他3类空间，而半开敞空间、半封闭空间、封闭空间的太阳辐射值也基本位于200wat/m² 以下，其中封闭空间的太阳辐射值明显高于另两者。夏季各空间太阳辐射值范围最大，除半封闭空间外皆在400wat/m² 上下浮动。冬季太阳辐射范围集中在0~200wat/m² 之间。

各季对太阳辐射的接受值均偏向当季的低数域值，而非高数域值。部分原因是太阳辐射高峰时段正值午餐午休时间，人群出于生活习惯自动规避该段时间。人群可接受的太阳辐射

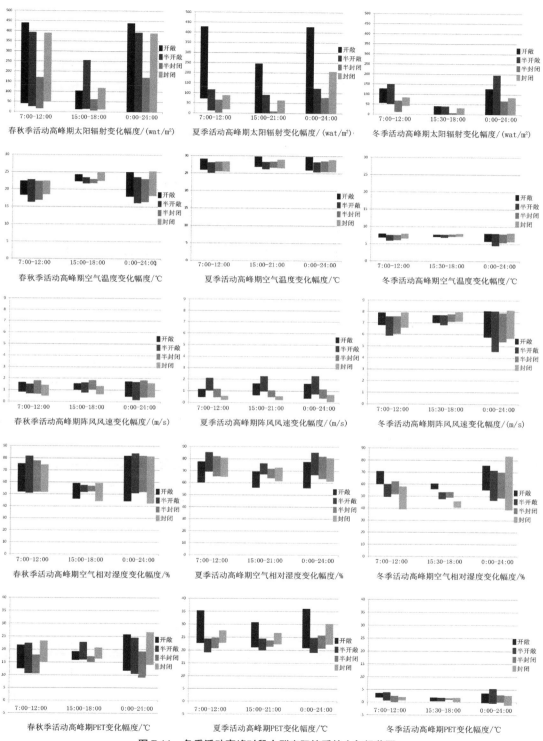

图 7.11　各季活动高峰时段人群实际接受的小气候范围

值普遍为上午高，下午低。春秋季和夏季下午可接受的太阳辐射最低可低至 0wat/m²，冬季可接受的最低太阳辐射值为 13wat/m²。

研究结果发现，相对于气候较严峻的冬夏季，在具备良好舒适小气候条件的春秋季，人群对太阳辐射的最低选择界限反而有所提高，由此提出在优越条件下人群会对环境提出更苛刻的活动要求的。

7.5.2.2　空气温度

空气温度分析表明，春秋季日平均气温变化幅度在 16.30~24.92℃之间，夏季在 25.00~29.84℃之间，冬季在 4.54~7.96℃之间。春秋季和夏季的人群高峰出行时段基本覆盖全天的温度变化范围。春秋季的高峰活动上午集中在低温值，下午集中在高温值。夏季上下午高峰活动时段也有轻微的上午低，下午高现象。冬季上下午活动高峰期则全都避开低温域值，均集中在高温范围内。

7.5.2.3　阵风风速

从全年活动高峰时段的阵风风速图分析，春夏秋季风速低，冬季风速高。前文中气候因子与行为活动的相关性分析说明，在测试日期间，阵风风速对人群的出行活动影响不明显。即便如此，实验仍观察到，春秋季人群活动高峰时段主要覆盖全天阵风风速的高域值范围，即在阵风风速处于 0.37~1.85m/s 范围时，活动人群更偏好风速大的环境（> 0.65m/s）。夏季活动高峰时间覆盖全天的阵风风速变化范围。冬季活动高峰处于全天阵风风速变化范围的中间区域，同时规避最大域值和最小域值，集中在 5.87~7.96m/s，比全天最大阵风风速低 0.12m/s，比全天最小阵风风速高 1.33m/s。

分析说明，活动人群在无风状态和过大风速状态都会感到不舒适，全年实验期间，可被接受的阵风风速最小为 0.22m/s，最大为 7.96m/s。

7.5.2.4　空气相对湿度

空气相对湿度的可接受范围比较结果显示，全年的空气相对湿度分布在 38.8%~84.1% 之间。其中，春秋季全天空气湿度阈值范围比夏冬季广，冬季各空间的相对湿度差异较大。夏季的空气相对湿度总体变化平稳，相比之下，冬季的变化幅度较大。各季活动高峰时段的空气相对湿度明显呈现出上午高，下午低的特征。春秋季和夏季活动高峰时段的空气相对湿度与全天变化幅度基本相同。行为活动方面，冬季的活动人群多选择低湿度环境，避开高湿度环境。通过模型计算，人对冬季湿度的最高接受值为 59.8%，比实测最高值低 16%；最低接受值为 39.3%，比实测最低值高 0.5%。

对各季空气相对湿度的实测结果显示，风景园林空间的夏季空气相对湿度最高，平均值为 65.42%；冬季最低，平均值为 60.30%；春秋季居中，平均值为 72.50%。在对居民的小气候偏好调查中发现，春秋季户外空气湿度的最佳评价值为 66%~82%，夏季为 55%~70%，冬季为 55%~57%。可见，人们在温暖舒适的环境中对空气湿度的舒适度要求较低，但伴随极端气候出现的高湿度则较难被接受。

7.5.2.5　生理等效温度

从全年生理等效温度统计范围可见，春秋季的生理等效温度范围最广，冬季最窄。根据实测小气候数据计算的生理等效温度春秋季范围为 9.3~26.7℃，夏季在 19.1~36.1℃ 范围内，冬季在 –1.1~5.4℃ 区间。四季的生理等效温度与日均生理等效温度值存在微弱差异。其中，春秋季和夏季人群可接受的最低生理等效温度值与全日实测生理等效温度最低值相近，冬季比全日最低值高 1.1℃。可接受的最高生理等效温度值均稍低于全日实测最高值，春秋季的生理等效温度最大接受值为 23.3℃，较全天生理等效温度最大值低 3.4℃；夏季生理等效温度最大接受值为 25.3℃，较全天生理等效温度最大值低 0.8℃；冬季生理等效温度最大接受值为 3.9℃，较全天生理等效温度最大值低 1.5℃。可见在全年测试日生理等效温度位于 –1.1~36.1℃ 范围的基础上，活动人群的实际选择范围为 –0.1~35.3℃，热可接受范围极广。

7.5.3　使用者小气候选择偏好

行为观测实验将热环境分为阳光直射和非直射两部分区域；将风环境分为有风和无风两类环境；湿环境依照临水和植被状况分为临水、非临水、林冠内和开阔地带四类情况。根据该分类基础，观测的活动人群对空间的实际选择如图 7.12。

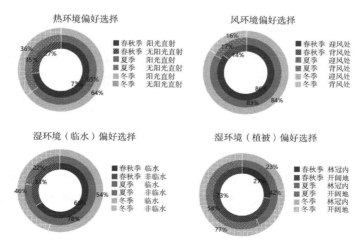

图 7.12　活动人群的小气候偏好

热环境偏好选择结果中，约 2/3 的活动人群选择了有阳光直射的空间，该比例在冬夏季时偏低，春秋季时较高。风环境偏好选择显示，高于八成的人群全年都愿意待在能感觉到空气流动的位置。对湿环境的偏好选择比较复杂，各季差异较大。但总体而言，相对于郁闭植被带来的过重湿气，人们更愿意待在开敞的水体周边。有超过一半的人群偏好在临水空间活动。这部分人群的夏季活动量比冬季高出 1/4。相反，愿意在密集植被空间中活动的偏好比例，全年均低于 50%，春秋冬季甚至少于 1/4。

7.6 研究结论

对实际活动情况的调查建立在人群活动高峰时段的基础上，换言之，该调查本身已规避掉绝大多数居民认为不舒适的活动时段。因为当人们主动去参与交往、锻炼、休憩时，人体对热环境刺激的需求已超出热不舒适的范围，即人们已准备好去适应环境，也就排除了可能存在的过度热压力[294]。

从风景园林空间各季度的实际活动情况看，春夏秋季最受欢迎的空间排序一致，依次为开敞空间、半封闭空间、半开敞空间、封闭空间；冬季排序为开敞空间、半开敞空间、封闭空间、半封闭空间。该结论和生理感受实验的结果存在一定差别，尤其是春秋季的结论，说明计算机模型公式计算的理论生理等效温度和现实使用之间存在一定差距，对空间的实际使用状况无法单纯通过实验室方法得出，脱离实地检测证实的理论研究方法不足以证明真实的客观存在。

7.6.1 小气候环境对行为活动的影响

7.6.1.1 小气候环境对活动需求的影响

人群的户外活动不仅源于生理需求和休闲需求，还有安全、社交、美感的需求。存在不等于满意。人群对空间的使用不代表该空间环境一定为使用者带来了舒适体验。对行为活动的研究若要达到最佳的空间设计目的，不仅要考量人群活动的类型和偏好，还要衡量人的舒适感受。

人的舒适感主要源自物理环境的优劣状况。良好的小气候环境会带给人轻松、愉悦的活动心情，促进户外活动的顺利开展，并强化人与人之间的社交行为。研究结果证明，小气候环境优越的空间，也是使用人群大量聚集的空间。空间使用中的舒适体验是提高空间使用率的必要条件。

7.6.1.2　小气候环境对活动类型的影响

城市气候和各空间小气候的比较是研究城市居民行为活动的大背景。研究发现，风景园林空间小气候环境的变化时间一般晚于城市气候环境。按此推论，城市居民的出行活动时间会较城郊居民晚。实际情况也证明城市居民早起时间普遍晚于非城镇居民。城市人群的作息规律或受到气候环境的影响。

小气候环境对居民行为活动的影响主要体现在自发性活动和社会性活动两方面。极端气候或令人感觉不舒适的气候状况会直接在这两类活动中得到反映。

自发性活动偏重个体自主自发开展的游憩活动。人大多只有在天气状况良好的情况下才会外出休闲游憩。行为活动的观测显示，当出现狂风、多雨、寒冷、酷暑等气候状况时，户外空间包括有人工遮蔽设施的户外构筑物空间极少出现活动人员。

社会性活动是在自发性活动基础上产生的群体聚集活动。只有风景园林空间中出现自发性活动后，才有社会性活动发生的可能。社会性活动在观测中体现为晨练、晚练；上下午活动高峰时期的交谈、散步、携幼儿游戏等活动类型。同一活动群体中的个体可能对小气候有不同的偏好，但为满足社交需求或其他活动需求，群体中的一部分人会以放弃部分生理舒适为代价，来满足功能性或社交性活动的需求。但该代价不以超出热承受范围为基础。过度的不舒适会影响自发性行为结果，从而改变社会性活动的内容。因此，若个体产生不舒适感受，出于安全需求，社交性行为应立刻中断。

7.6.2　行为活动对小气候因子的偏好选择

人群活动中对小气候因子的偏好主要集中在空气温度、阵风风速和空气相对湿度因子上。换言之，这 3 类因子对人群活动的影响最为明显。

活动高峰期对空气温度的偏好选择为上午低、下午高。对空气温度的选择结果表明，全年高峰活动的温度范围，均呈现上午集中在低温区，下午集中在高温区的现象。春秋季和夏季的人群高峰出行时段基本覆盖全天温度变化范围。冬季上下午活动高峰期则全都避开低温域值，集中在高温范围内。

活动人群对风速的要求比较苛刻，对无风和过大风速都会感到不舒适。另外，人在春秋季和夏季偏爱高风速，冬季偏爱低风速。

活动高峰期对空气相对湿度的偏好选择为上午高、下午低。各季活动高峰时期的空气相对湿度比较明显地呈现出上午高、下午低的特征。春秋季和夏季高峰活动时段的空气相对湿度与全天变化幅度基本相同，冬季的活动人群则一致选择低湿度的环境。

7.6.3 使用者的舒适度感受

对活动人群的行为观测除了对小气候环境因子的选择之外，也包括以下衍生出的对舒适感的体验和要求。

小气候环境越优越，人体感受越敏锐，对舒适度的要求也越高。例如，相对于气候较严峻的冬夏季，在具备良好气候条件的春秋季，人群对太阳辐射的最低选择界限反而更高。

沪杭居民可接受的体感温度范围较广。在测试日生理等效温度位于 –1.1~36.1℃的情况下，活动人群的实际选择范围为 –0.1~35.3℃。该范围的两端极值差较大，与上文得出的热中性温度区别显著。两者对比，可见沪杭居民对极端热环境的忍耐力较强，可接受的小气候环境变化范围很广。

活动时长可以作为小气候感受影响的重要参考因素。对使用者的人口属性分析证明，性别、年龄均不影响小气候感受和空间选择，但活动时长可辅助分析人群在空间内的小气候感受。研究发现热感觉与活动时长存在微弱的正相关关系。人在户外空间的活动时间越长，"热"的感觉越明显，且这种感受会在活动半小时后超过"适中"感受，成为主要的身心感觉。

7.6.4 研究对设计实践的建议

行为活动评价研究的结果显示，冬季的小气候适宜性设计需求比夏季更紧迫。对比四季平均活动时长，沪杭的春秋季小气候对人群活动出行并无明显影响，所有正常出行时间内的小气候条件都在舒适区内。夏冬季小气候对人体感受影响较大，春秋季每人次的平均活动时间最长，为 1~2 小时；夏季约为 1~1.5 小时；冬季平均活动时长最短，为 0.5 小时。可见相对于寒冷气候，民众更容易忍受炎热气候下的户外活动。该结果证明，相比于夏季的户外设计，冬季的季节性小气候设计更值得被规划设计师们重视。

开敞空间是最受使用者欢迎的空间。风景园林空间中的开敞空间作为公共空间中最开放的空间结构，得到了人群在全年范围内的最高使用频率。封闭空间的访问量变化幅度最大。因此在设计中可着重考虑开敞空间的位置、面积、结构等设计，慎重考虑对封闭空间的选择和应用。

7.7 本章小结

本章在物理环境的刺激实验，即人体生理心理感受反应实验的研究基础上，探讨了使用者全年各季度在小气候影响下的空间使用情况，分别就小气候环境对行为活动的影响、使用者对小气候因子的偏好、使用者的舒适感受和对各空间类型的设计指导提出了相关结论。

行为活动观测记录实验结果证明，主观心理感受的研究结果和实际行为活动结果一致，说明本实验结果真实可靠。实验结论表明，高密度人居环境风景园林空间活动人群对小气候环境具有很高的适应性，较全球其他地区对气候变化具有更高的忍耐度。

全章通过对使用者的人口属性、在各空间内的日访问量、活动的时间和时长的分析与讨论，得出人口属性对小气候环境感受并无显著影响。同时提出了可被广泛接受的小气候因子和生理等效温度的变化范围，并说明居民对各空间类型的实际使用偏好。

第 8 章
风景园林小气候适宜性设计策略

本章旨在为城市空间规划设计人员详细阐明户外微小空间结构对气候环境的影响机制和途径，切实提高小气候感受理论研究在设计实践中的实用度和可操作性。

8.1 研究背景、目的和策略

本章整合前文风景园林小气候感受的主体实验结论，以城市现存环境问题的解决措施为对象，运用心理物理学层次论全局观来反应"理论—实验—客体—反证"中"反证"环节，通过分析小气候环境与景观设计要素的相互作用，从风景园林学角度提出基于季节变化的风景园林空间小气候适宜性研究的设计策略与方法。

8.1.1 研究背景

高密度人居城市对小气候适宜性设计的需要是明确且必需的。城市公共区域、街道、建筑外部的温度、湿度、日光、太阳能和通风等都是城市规划设计者和各级政府关注的重要环境问题[295]。但传统研究多使用极端天气中的被动应对措施作为主要的小气候适应性手段，强调避害，却忽视趋利。例如，传统设计均提出应在夏季避免太阳直射，减少户外活动；冬季增加日照强度，避免寒流侵袭等[157, 296-299]，却忽略了具有明确时空针对性的小气候适宜性设计可以创造比日常体验更为舒适的环境这一事实。

城市空间各层面的研究均已证明，对设计要素的适当调整能有效改变场地的原有物理环境条件，创造出全新的气候环境。组成城市的每个空间单元，可在完成内部环境改善的同时影响周边环境，继而带动城市中观尺度的环境变化，最终为整个环境系统的提升作出重大贡献。炎热季节下的植被、水体等可加强城市冷岛（Urban Cool Island，UCI）效应，并将冷却效应延续到相邻社区。寒冷天气下，局部气候效益辐射也可以使微小空间环境温暖并强化周边环境，使城市核心建成区比周围地区更暖且干燥，形成城市热岛（Urban Heat Island, UHI）效应。设计中，可以利用景观元素自身具有的物理特性，提升使用者在不同季节的舒适感受。譬如，要改善冬季寒冷阴湿的气候，就可以利用深色物体表面能吸收大量太阳辐射，且作为地面辐射可向周围环境进行二次发散的特性[22]，最大限度地创造户外太阳辐射和地表辐射；同时利用硬质地面无法储存水分，因而具有减弱地表蒸发冷却的功能，降低空气相对湿度。同样，在高温炎热的天气里，也可以通过阻挡太阳辐射，创造微风，并引入冷却雾来缓解人体在室外的不舒适感。

大部分城市目前对气候问题的应对措施主要体现在植被种植、铺装材质、空间朝向三方面。

（1）在减轻城市热岛效应的应对方面，比较实用的是城市植被种植战略[153]。自然植被的大量种植已被广泛认为是减缓城市热岛效应的有效措施[300]。众多研究都证实了自然植被区域及周边地区的温度普遍低于建成区域，绿化不仅减弱了热岛效应，也使城市更美，减少了建筑能耗，降低了空气污染，促进了生物多样性发展，并管理了雨水径流。在英国曼彻斯特高密度住宅区进行的植被降温实测研究结果表明，植被可为城市降低 0.5~2.3℃ 的地表温度[301]。另一项在以色列展开的，关于城市开放空间植被覆盖率对人类日常行为热感受的影响研究表明，具有密集树冠的城市公园在夏季白天具有最佳的冷却效果，可有效降低 3.8℃ 的空气温度和 18℃ 的生理等效温度[302]。这项研究同时发现，植被在冬季的降温效果低于夏季，但仍可降低 2℃ 空气温度和 10℃ 的生理等效温度。树木的成熟度也是确保空间持有足量阴影区和蒸腾作用的一个重要参数。街道绿化对在树荫下产生的热舒适度有显著影响，有研究证明瞬间感知的热舒适往往与街道绿化总量有关[303]。另外，多项研究同时证明，一定比例的植被和适当的人工设施布置可以缓解夏季热浪，增强冬季保温，扩大舒适空间，从而改善户外人体感受[304-306]。

（2）除植被绿化功能外，道路或其他绿色空间的透水表面也能产生可延伸至周边区域的冷却效果。托尼·马修（Tony Matthew）认为城市冷却可分为绿色屋顶、绿色铺地和自然植被三大类实施策略[307]，他建议在建筑物表面使用冷却效果更好的诸如聚氯乙烯、聚氨酯和多孔阻隔器等材料，来降低太阳辐射、地表热反射率和平均表面温度。

（3）街道是城市中举足轻重的户外公共空间。对城市街道的研究大多认为，街道方向是影响空间中空气流通的关键原因，街道的宽度和朝向是影响行人和街道表面接收太阳辐射量的主要指标[308]。街道也是城市混凝土丛林中的峡谷。由于峡谷内的吸收、反射和折射作用，建筑密集矩阵空间能快速捕获太阳辐射能。太阳能在峡谷多重往返聚集过程中，积极促成了城市热岛效应。另一方面，狭窄的峡谷限制了天空可视因子，减少了近地面的空气流动[309-310]，使城市热岛效应变得更加严重。

8.1.2 研究目的

小气候环境的空间表达是设计师理解小气候适宜性设计，选择设计材料和建立技术支撑的有效工具。气候设计原则早在 20 世纪中期的文献中就有过广泛讨论[311-313]，21 世纪的文献多侧重对近人尺度空间的微小气候和气候响应设计[314, 323]。但城市户外气候研究的尺度多集中在中观层面，以城市建筑群、街道、大型公园等为主要对象，将极端气候，尤其是夏季炎热气候作为主要实验时间。本研究试图为实验地区提供全季节的小气候差异比较，分别从热环境、风环境、湿环境方面为各风景园林空间类型的气候适宜性设计指出相应的设计目标，并从风景园林专业视角提出设计措施。

小气候适宜性设计的传统目的是营造"冬暖夏凉"的室外环境，尽可能满足所有天气情况的人体热舒适需求。与之对应的户外风景园林设计多将关注点集中在物理吸引、功能性和空间构成内容等方面，但户外空间中不可见的舒适度才是支持人们喜爱并使用空间的基础[233]。景观（风景园林）设计师的任务是创造大多数人群可接受的小气候环境条件，满足人们使用空间时的热舒适要求。如果各类人群的要求差距较大，无法同时满足时，也应尝试提供多种空间的选择方案，创造个体在户外环境中可以通过自我调节的措施来满足热舒适要求的可能。

8.1.3 设计策略

设计策略的提出由风景园林小气候感受评价三元论的实践论衍生而来，对三元论方法应用与工程实践切实相关。本书第 2 章从理论层面对城市小气候适宜性实践的时间、目标、尺度提出过三元分解和阐述。现就小气候季节适宜性设计策略的提出，在本章做详细说明。

研究已经基于三元框架体系，从小气候环境测定实验、身心感受评价实验和行为活动评价实验的结论中，得到了各季人体感受评价结果与影响感受评价的关键气候因子。结合以上成果笔者提出，对小气候环境的调控必须结合景观设计元素，因此调控手段也可随之分为对小气候要素的调控和对景观元素的调控两部分。本章详细列出了影响风景园林环境感受的小气候要素和景观元素，分别将这两者定位为小气候环境调控的关键。研究从各空间的小气候季节性差异出发，分别提出相应的设计策略。继而，对各季景观设计策略中可能出现的矛盾冲突进一步提出总体调和和建议。最后，设定具体设计过程的步骤安排，采取前期、中期、后期三步规划，完成对设计实践的时空指导。

8.2 小气候感受的关键调控因子提取

风景园林小气候环境的调控因子已在前文详细表述为热、风、湿三大环境下的太阳辐射因子、空气温度因子、阵风风速因子和空气相对湿度因子。但各季节影响小气候环境和使用者感受的关键主导因子各有不同，同一因子在不同季节产生的影响程度也不同。综合风景园林小气候环境评价，人体身心感受评价、行为活动评价结论，下文罗列了各季小气候环境的主要表现及其关键影响因子的四季环比特征，明确了小气候季节性调节的基本途径。

8.2.1　季节性小气候环境

"风景园林小气候环境评价"一章通过对风景园林环境的季节性实验分析，发现沪杭典型风景园林空间分别表现出了以下的小气候特征。（1）春秋季持续周期短，但气候舒适宜人。与四季环比具体表现为：太阳辐射总量居中、日平均气温差最大、平均风速最低、空气相对湿度变化幅度最大。（2）夏季高温闷热，各空间类型之间的太阳辐射值差异显著，对比明显；日平均气温差全年最小；日平均风速最高，但空间之间的阵风风速变化差异显著且规律各异；日平均相对湿度值最大。（3）冬季低温湿冷，太阳辐射总量、日平均温差和平均空气相对湿度差均为最小。

8.2.2　季节性生理感受

"风景园林环境生理感受评价研究"一章证明，影响人体感受的最关键小气候因子、最舒适空间和满足环境条件的最佳人体舒适感受空间分别为：（1）春秋季中，空气温度是影响人体感受的最主要小气候因子，封闭空间是评价最优的风景园林空间类型。最佳的小气候环境空间为空气温度 18~25℃；相对湿度 66%~85%；连续风力约 1.0m/s 且风力变化微弱平和；首选空间为兼有多种遮阳方式的休憩场所。（2）夏季影响人体舒适感受的最关键小气候因子是太阳辐射，开敞空间因此成为最受欢迎的活动空间。评价最优的小气候环境空间为具有大于 3m/s 的连续微风、低于 30℃ 的空气温度、55%~70% 的空气相对湿度，有大量完全遮阳的可休息场所。（3）太阳辐射是冬季影响人体舒适度的关键小气候因子。与夏季一样，开敞活动空间仍然是评价中最舒适的风景园林户外空间。评价最突出的小气候环境为光照强、太阳辐射持续稳定、气温大于 6℃、有约 0.1m/s 但不持续的微风、空气相对湿度维持在 55%~57%，无遮阳的硬质活动空间。

现场生理反应实测的低高频比值变化规律表明，冬季人体的生理不舒适感觉最强，夏季生理感受居中，春秋季的生理舒适感最佳。

8.2.3　季节性心理感受

第 6 章"风景园林心理感受评价"根据对沪杭典型风景园林空间活动高峰时段的使用

者实际生理等效温度测试结果，人群户外活动期间的生理等效温度阈值从 –0.1℃一直延续至 35.3℃，可见沪杭居民对小气候环境的可接受范围较为广泛。证明沪杭的风景园林空间活动人群对小气候环境具有较强适应性，对气候变化具备较高的忍耐度。

综合全年生理等效温度数据，计算得出的年中性温度为 24.45℃，具体到各季：春秋季可接受的热舒适范围覆盖测试日的所有生理等效温度温值，夏季的生理等效温度中性温度为 27.25℃，冬季的生理等效温度中性温度为 6.24℃。四季中，春秋季的舒适度最佳，夏季第二，冬季最低，该结果与生理感受评价结果一致，但大部分居民认为冬季比另外三季更为干爽，更符合民众对空气相对湿度的偏爱。

研究还按民众综合喜好程度，挑选出实验中最受欢迎和最不受欢迎的风景园林空间类型。全年最受欢迎的空间类型是开敞空间，相反，最不受欢迎的空间类型是半封闭空间。

8.2.4　季节性行为活动

从四季平均活动时长的比较结果来看，春秋季小气候对人体感受影响不明显，因为所有出行时间内的小气候条件都在使用者可接受的舒适区内，但相对而言冬夏季的小气候对人体感受影响较大。活动时长观测结果发现，春秋季人群的户外的活动时间最长、夏季居中、冬季最短。可见除了春秋季，相对于寒冷气候，沪杭民众更容易忍受炎热气候下的户外活动。观测结果再一次验证了生理感受评价的结论，也就是相比于夏季，冬季的小气候适宜性设计更值得引起规划设计师重视。

以下分别从太阳辐射、空气温度、阵风风速、空气相对湿度因子角度，对人群在各季节呈现出的活动偏好进行归纳。

（1）太阳辐射值的春秋季可接受范围最大，冬季最小。但相对于气候条件较严峻的冬夏季，人们对春秋季太阳辐射的舒适感评价反而更苛刻，这间接说明了人群在优越的环境条件下，可能对舒适体验产生更高要求。

（2）空气温度的选择结果表明，人群每日的高峰活动时段主要为上午与下午两个时段。上午的高峰活动时段气温均值明显低于下午时段。春秋季和夏季的人群高峰活动时段基本覆盖全天的空气温度变化范围；冬季人们刻意避开低温时段，活动集中在全日高温的几小时内。

（3）阵风风速的偏好选择表明，活动人群对无风状态和过大风速都会感觉不舒适。全年相比，春秋季和夏季活动人群偏爱高风速，冬季更偏爱低风速。

（4）全年活动高峰期的空气相对湿度比较，明显呈现上午高、下午低的特征。春秋季和夏季高峰活动时段的空气相对湿度范围与全天变化幅度基本相同，冬季的活动人群则一致选择低湿度条件的环境。

8.2.5 小结

根据上文对各项研究结论的总结归纳，沪杭中心城区典型风景园林空间小气候适宜性设计的重中之重是改变冬季的不舒适感受。因此以沪杭为代表的冬冷夏暖地区高密度人居环境展开的风景园林小气候适宜性设计，首先要考虑冬季的使用需求，其次考虑夏季感受，最后兼顾春秋季感受。冬季的设计重点应落在增加场地日照面积和强度，降低并阻挡大部分风，并维持较低的空气相对湿度等方面。夏季的设计重点在于大面积阻挡太阳辐射，提供全遮阳的休息场所，并利用地形地貌创造较大的风速。春秋季的设计重点在于稳定空气温度，保持空气和缓持续流动，并在主要活动场地中提供多种遮阳条件，供人群长期停留。

8.3 调控主体与作用机制

单一的要素，无论小气候要素或风景园林要素，均无法对空间形成强烈的作用机制并明显影响场地空间[315]。小气候的作用机制必须与风景园林元素结合，才能共同发挥效用，有效作用于场地。良好运行的小气候不仅可以满足人体户外活动所需的舒适环境体验，也能提供节能、节水等生态经济效益。本节以使用者舒适感受为目标，从小气候角度来判断在风景园林季节适宜性设计中需要对热、风、湿环境进行的控制措施，并从主要景观要素方面进行补充说明，提出各季节所需的相应设计原则和要点。

8.3.1 小气候要素的季节性控制

8.3.1.1 热环境之太阳辐射

人在室外空间的热舒适程度取决于人体所处的热辐射荷载。太阳是户外空间唯一的自然热能供应方。相对于空间设计中较难控制的户外空气温度，使用者在阳光下的暴露程度更容易被设计师有效改动和指引。实验证明，太阳辐射的强度和暴露在太阳辐射下的时长是设计控制人体小气候舒适感受的主要手段之一。所以，城市公共开放空间的发展和更新应慎重控制日照强度，以确保阳光的适当供给和恰当使用。太阳辐射因子的应用策略体现在对日照的总体设计上，即夏季蔽藏，冬季获取。设计中需要对太阳辐射的接受强度有清晰明确的季节、时间和位置认知。具体设计可通过人工或自然的遮阳设备实现。

顶层围合度对太阳辐射的影响举足轻重。太阳辐射是小气候环境的首要影响因子，也是人选择在户外活动的主要原则。行为活动实验研究也发现在风景园林空间中，空间开敞程度越大，人群活动越频繁。基于此，研究再次比较了半开敞空间中的人工构架和半封闭空间中的植被遮阳物分别对空间小气候环境产生的影响。结果发现人工设施对户外活动的影响程度大于自然要素。该结论可作为热环境设计的重要参考。

（1）春秋季

使用者在春秋季活动期间对太阳辐射保持基本接受的态度，换言之，太阳辐射强度并未对大部分人群活动造成明显影响。基于功能性、观赏性的传统风景园林设计方法可以满足人群在春秋季的热舒适要求，设计师无需对春秋季的太阳辐射因子进行大幅调整。

但同时进行的心理测试结果显示，越舒适的环境，人群对舒适度的要求越高。对住区风景园林空间使用人群的自然属性特征统计结果已说明，城市住区风景园林空间以中老年和低龄幼童为主要使用人群。老人已逐渐退化的感知系统和幼龄儿童被动的活动特征，导致这两类人群对过冷或过热环境的感知和反应稍弱于中青年人群。体现在行为活动中，这两类人群的反应时长也比其他年龄段久，在进入绝对难以忍受的状态之前对环境变化的感应力较低[233]。中青年人群在户外活动过程中，对环境相对敏感的状态，加之高标准的热舒适要求，使得各年龄层人群对太阳辐射的要求具有多样化差别。行为活动实验也发现，同时段中，不同年龄群体对遮阳环境表现出各异的偏好。为满足各类人群对阳光与热的不同需求，春秋季设计中的太阳辐射应满足多层次分布状态。设计师可运用多种自然元素和人工元素的组合模式，满足不同活动者在全遮阳、半遮阳及无遮阳的复杂遮阴需求。有条件的情况下，可对半遮阴层级中进一步细分，提供75%、50%、25%三类层级的半遮阴条件。

（2）夏季

夏季强烈的太阳辐射是造成炎热高温的根本原因。行为活动观测结果显示，夏季住区风景园林空间在10∶00~15∶00期间人群活动明显减少，且活动人群多避开阳光直射区域选择阴影区。现实情况中，有遮阳的长凳会吸引更多的活动人数。行为活动观测研究又再一次证明户外停留时间的延长会导致人群产生较低的中性生理等效温度值。因此，夏季户外空间设计的重点在于降低太阳辐射量，即遮阴设备的设计。

自然植被是遮阳最常用的风景园林要素之一。有学者从风景园林设计要素角度，对高密度城市中植被降低城市峡谷受热，增加城市空间阴影和提高热蒸散辐射吸收效应进行过大量研究[316-317]。但是植被，作为设计师现今普遍使用的自然遮阳手段之一，其可靠性和操控性值得进行更深层次的探讨。树木的形态决定了阴影的位置、大小和形状。比起树冠纵向生长的树木，树冠横向生长的树木阴影变化幅度更小。横向树冠不仅可以阻隔直接的太阳辐射，而且可以反射部分的太阳辐射[318]。因此，横向树冠的落叶树种是夏季最常使用的树种。但树叶不同于人工设施，单纯地使用落叶树遮阳恐怕无法满足夏季小气候适宜性的设计要求。因为叶片和叶片之间的缝隙，以及叶片本身的自然属性都使树冠具备一定的阳光透射率。部分太阳辐射仍然可以穿透树叶，抵达树冠以下空间，且不同树种拥有的透射率区别明显。因此即使选择落叶乔木，树种间不同的落叶周期、树枝和树干的密度也是遮阳设计需要考虑的内容。

人工构筑物具有固定的形体属性，发挥遮阳作用时，有精确的太阳透射率和投影形态。构筑物在遮阳模式上的区别导致了各异的遮阳效果。完全不透明的固体顶层覆盖遮阳设备具有最佳的抗太阳辐射性，但当覆盖面积过大时，易产生过于阴暗的效果，带来压抑负面的视觉感受。因此控制全覆盖顶面的高度和有效面积是设计此类构筑物的主要关注点。半覆盖形式的构架可透射部分阳光，阻挡一定的太阳辐射，与植被结合使用可产生较好的遮荫效果。半覆盖构架形式多种，以木构架为例，木条摆置的方向会造成不同的阴影几何形态。与阳光照射方向垂直的木条可覆盖更大范围的场地，与阳光照射方向平行的木条遮盖面积较小。

最佳的夏季遮阳措施应配合使用人工遮阳和树木遮阳，利用人工设施和植被生长过程中的遮荫效果相互辅助，保证在风景园林空间的长期使用过程中均能提供人群所需的遮荫环境。单独的树木遮荫或建筑物遮荫措施，可作为次选方案，加以辅助。

（3）冬季

寒冷天气使人对太阳辐射的需求达到峰值。对冬季行为活动的观测结果显示，无论是否有足够的座椅，活动人群大多集中在向阳的休憩设施周边。因此，布置冬季座椅和活动设施的位置时，应首先考虑建筑物、构筑物或植被对完全朝阳区域的影响，尽可能保证该区域最大化地接受太阳辐射。上文涉及的树木透射率理论在冬季同样适用。除树叶外，树木的树冠是由树干和树枝组成的。在秋冬树木完全落叶或落叶量达到一定程度时，需要考虑树干和树枝密度对阴影造成的影响。不同树种的落叶周期、落叶后的透射率区别明显，冬天采光效果的差异也同样明显。

冬季活动区以全日照设计为主。空间南侧和空间内部的落叶树种选择，需要设计师考虑树种的落叶时间和树干透射率，以确保活动区域在冬季得到足够的空气温度。

8.3.1.2　热环境之空气温度

人能感受到的热主要由太阳辐射、地表辐射和周边物体表面辐射综合作用形成。构成城市表面的材料对城市热平衡有很大影响。风景园林空间的地面铺装是影响活动舒适感受的关键原因。铺装材质对温度的影响在于透水性和热吸收能力。地表铺装的透水性和热吸收能力可影响地表温度的变化状态，而地表温度会影响城市局地温度。除此之外，地表温度还决定了空间环境与户外空间使用者之间的辐射交换。热辐射交换是人体热舒适感受的一个主要决定因素。以城乡空气温度差异为例。城乡建筑材料基本一致，在热吸收方面的区别非常小，但乡村土壤的含水量在很大程度上决定了热惰性差别，从而改变了区域整体热舒适效果。

（1）地面铺装的材质与颜色

地面铺装的小气候设计关注点有材质和颜色两方面。

材质分为人工和自然两种，包括裸土、草坪、木质、砖石、塑胶、沥青、水泥等。材料的热性能对表面温度和热通量的影响非常大。比如沥青比水泥的热传导性低，在强烈阳光照射下，沥青比水泥的表面温度更高。

铺装材料的颜色可大致分为深色和浅色两种。物体的颜色会对周围环境温度产生影响。太阳辐射抵达物体表面后，或被吸收，或被反射。深色比浅色更能吸收辐射，浅色比深色更能反射辐射。这种反辐射的现象被称为反照率（Albedo）。风景园林空间常用材料的反射率（Reflectance）可见表 8.1[319]。颜色越深，热吸收能力越强，反射的辐射热越少，物体表面温度越高；颜色越浅，吸热越少，反射的辐射热越多，物体表面温度越低。

铺装材质的反射率   表 8.1

铺装材料	混凝土	砖石	沥青	草坪
反射率（%）	30~50	23~48	10~15	12~30

来源：林俊. 上海城市半开敞带小气候要素与空间断面关系测析 [D]. 同济大学，2015.

（2）地表铺装的季节性控制

地面铺装的材质和颜色导致了不同的小气候环境。因此设计中，应根据各季节不同的热舒适需求提供不同的地表铺装方案。

根据各项感受研究结论，春秋季最佳户外活动温度为 18~25℃。而实验地区的春秋季空气温度实测结果为 15.87~25.11℃，其中 15.87~18℃属于夜间低温区间，也属于非活动时段，换言之春秋季全天的空气温度都在体感舒适区内。因此，只要严格遵守《城市居住区规划设计标准》[320]，满足基本的绿地率、游憩活动设施、通风效果等，这样的风景园林空间设计即可视为符合春秋季的户外气温适宜性要求。

生理感受研究表明，夏季最舒适的气温在 30℃以下，但沪杭地区夏季日间气温普遍高于该水平。这也解释了为什么夏季日间高温时段的 10：00~15：00，行为活动观测结果出现了空白期。夏季户外活动的另外一个特征是夜间活动时长增多，一般可延长到晚间 21：00。综合炎热高温和人群户外活动的需求背景，如何通过铺装设计降低近地面空气温度，提高人体舒适感受，是夏季小气候适宜性设计，尤其是空气温度调控设计的关键。

炎热气候条件下，通过铺设材料减少热吸收，增加热反射效果，可以在某种程度上达到抵消热辐射的效果。较高的温度会导致大量长波辐射的释放，引起人体热感丧失。在炎热气候条件下，草坪覆盖地表结合遮荫树木的城市冷岛效应可以进一步得到优势的展现。草地和茂密的树冠能够上下结合，间接地降低地表温度，减少对人体的反射辐射，但该种降温措施的实际物理效果并不显著，起到真实作用的是植物对使用者心理感受的暗示。

对各类铺装材料的使用已有了大量研究成果。（1）部分学者研究了多种铺设材料，评估它们暴露在强烈阳光下时对地表温度的影响[321-322]。这些研究发现，白天各种人工铺设材料的平均温度都高于周边自然环境的空气温度，而所有地表温度在晚间都比周边气温低。（2）水具有最大的储热能力，铺装材质的含水率或透水率越高，热反射越低，表面空气温度越低。因此，含水量高的草坪、透水砖石等自然材质铺装的白天表面温度较低。（3）浅色表面铺装材料反射热辐射的性能高于深色表面材料。在大面积使用的人工材质中，白色大理石是最冷的铺设材料之一，而深色的沥青是最热的铺设材料之一。与水泥铺地比较，沥青表面由于在白天承载了更强的长波辐射，使得人体感受更热，但晚间沥青表面的降温速度比水泥快很多，导致人体感受更凉。因此，夏季白天宜考虑浅色硬质铺装，有浅色大理石铺装材质的是较适宜的空间场所；夏季夜间深色沥青等硬质铺装及自然铺装（如草坪、木材、透水砖、透水沥青等）的空间更利于人类活动。

本研究统计的冬季风景园林空间最舒适气温为 6℃以上。结合冬季气温实测结果，排除极端雨雪天气，沪杭住区风景园林空间可在大部分的冬季日间满足该要求。为更好地提高热感受，冬季小气候适宜性设计的空气温度调节策略与夏季基本相反。

冬季阴冷天气或晴朗夜间无风状态下的行为活动，宜在高含水量的铺装表面（如草坪、木材、透水砖、透水沥青等）上进行。夜间的树冠下方、遮阳伞和人工构架内部或附近，可以吸收更多的地表辐射热，人体舒适感更佳。深色硬质铺装的强反射率和反照率会使近地面空间的温度比周边更加暖和。冬季白天的深色及高反射率铺装材质，如沥青路面，较适宜人群活动。寒冷的晴夜，暴露的空气会变冷变重，随坡度朝低洼处聚集。城市公园边的空气会比混凝土和沥青路面更冷，并随风降低周边邻近地区的温度。

8.3.1.3　风环境

风是"空气的水平对流"，是风景园林空间最有效的降温工具[229]。风是风景园林空间中的多变元素，对于风的描述是复杂困难且不可预知的。风不会持续从某个单一方向刮来，它随时可能改变方向。但每个城市区域在每个季节都有明显的主导风向。风可以持续带走物体表面的温度，直至和周围空气温度一致。甚至当降温对象湿度高于空气相对湿度时，对象中的水汽蒸发降温后，物体表明温度还会低于周边气温。

风在两个层面上影响着人群对户外开放空间的使用。首先，气流引起的混合能量和水分的不稳定气流，即湍流，它会削弱相邻空间在气候上的小规模差异。第二，气流推动人体皮肤表面与周边环境的能量交换，会增加汗液的蒸发，促使人产生寒冷体感。在设计中，要综合分析每个景观元素对风环境的影响，并重点针对地形、朝向、空间结构、植被等建立综合信息表，帮助分析风向和风速情况。

风景园林对于风环境分析的主要目的是营造夏季通风区和冬季避风区，规避夏季气流不畅，以及冬季寒风、劣风、涡流、乱流等对人体不利的风环境现象。

（1）景观元素对气流的影响

风的设计即控制气流的设计，其策略建议考虑 3 个景观元素：地形朝向、冷热源和风障。

风和空间的地形朝向有直接关系。迎风向的坡顶风力最大，坡顶背风处风力最小，且有树木遮挡时风速更低。

当连续墙体封闭某个小型空间时，冷空气因无法流出而滞留其中。这个空间中的冷空气就和外部空气隔绝开来，形成冷源。区别于热源，冷源的冷空气因为保持下落状态，会持续停留在某一空间，形成冷气团，直到外界热空气打破边界，破坏该种稳定，才会形成气流。例如，小庭院周围墙面起到的限定作用，降低了风的流通，一定程度地保障空间内的热平衡。热源是推动周围空气流动的源头，也是形成风的主要原因。热空气具备上扬动力，不易在某一空间长时间滞留，所以热源周边一般同时存在风场。空间内的热源与湿环境因子搭配，能发挥更有效的热影响力。

风可被实质物体阻挡或减弱。减少防风林背风地区的风速是建设防风林的主要目的。多项理论和实践都证明，多孔且存在空隙的风障更具减缓风速的效果（图8.1、图8.2）[323]。坚密无空隙的风障在挡风时，会在风障背风面形成不稳定气流，即背风涡旋。风障的空隙度（Porosity of the Barrier）是风障有效与否的关键所在。坚实无空隙的风障对于周边地区的风环境刺激最大，在该场景中，风速的最小值出现在风障高度2倍的距离范围内。当孔隙度增加时，低风速的范围更远。对风障空隙率的几项研究结果显示，当风障迎风面是没有障碍的平坦地形时，风障的最优空隙率为35%。当风刮过多孔且存在间隙的风障时，在5倍于风障高度（H）的迎风面范围内，风就已开始降速，风障背后30倍于H的距离后，风速逐步恢复到非扰动状态[324]。类似的研究同样认为完全封闭的阻隔会引起湍流，导致气流无法被聚集在小空间内，进而无法有效降低风速，而半封闭的栏栅反而更容易创造大面积的弱风区[305]。隔板和树木都可减风。布朗的研究[325]认为风障最佳间隙为50%，他认为50%密度的植被遮挡是最有效的风障空隙率，小于此比例，风障周围会形成湍流，影响风的降温效果。

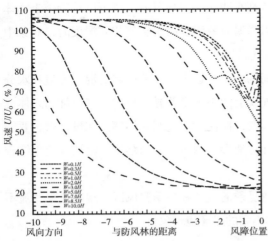

图8.1　正常风速在z=0.1H点上，以多种入射角流向高度为W=0.5H的风障，风障的空隙率在75%时的水平剖面图

来源：Wang H，Takle E S. On three-dimensionality of shelterbelt structure and its influences on shelter effects[J]. Boundary-Layer Meteorology，1996. Fig. 3b.

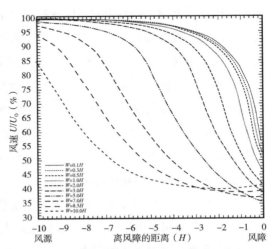

图8.2　正常风速在z=0.1H点上，以多种入射角流向高度为W=0.5H的风障，风障的空隙率在43%时的水平剖面图

来源：Wang H，Takle E S. On three-dimensionality of shelterbelt structure and its influences on shelter effects[J]. Boundary-Layer Meteorology，1996. Fig. 3c.

（2）风速的季节性控制

①春秋季

本研究认为，春秋季使用者喜好风速稳定在 1.0m/s 左右，平和、连续的风环境。因此，春秋季最佳的风环境为平和、连续的软风或轻风。

沪杭春季城市主导风向为东南风，秋季为西北风。场地方位朝向是东—西、南—北、东南—西北的风向最易接收城市主导风。但风环境的实测结果显示，各风景园林空间的风向均不稳定。风受地面覆盖物的复杂干扰，随时改变流向，控制难度高。因而，对风环境的设计要求不强制固定空间内的方向，更重要的是在人群主要活动区域保留出连贯且畅通的风道，为空间使用者提供相对连续且固定的风环境。但若条件允许，建议通过建筑和植被的组合围合，设计与城市主导风向一致的东南—西北向风道，保证微小空间与城市空间的稳定风环境。

②夏季

根据中国气象局对风力等级划分的描述，夏季最佳的风环境是风速大于 3m/s 的持续的"微风"和"和风"。夏季的主要小气候设计目的是降温增风。如上文所述，风是降低温度的最有效手段，尤其是当其与湿因子相结合时，降温效果更加明显。根据第 3 章对湿环境的测定，已知具有大量水体和植被的空间更容易有偏高的空气相对湿度。上海夏季闷热高湿，单纯的高湿度会使人体产生闷气、呼吸困难等症状，因此湿度必须与风结合才能发挥作用。

会利用冷源是夏季最有效的自然降温方法。城市水体和绿地在微风的引导下可产生低于周边硬质地表的冷风源，冷空气被水平推送到周边地区，形成自然的冷风系统，缓解城市热岛效应。因此，可在主要活动区域的上风向，即东南向，设置大面积的水体、山体或大量植被，为活动区域带来冷风源。与此同时保证冷风源和活动空间之间的畅通，利用盛行风为夏季的活动人群降温。

除了保证上风处的冷源外，还可利用建筑、构筑物或植被群营造东南—西北向风道，加强风力。设计可利用峡谷风原理，在上风向设置风口，以达到局部空间内迅速提高风力的目的。风峡的平面形态以喇叭形为佳，越靠近活动区，风道收口越紧，增风效果越明显。风峡的立面形态以朝向下级盛行风向，呈东南低、西北高的坡面形态为佳。上抬的风道有助于形成较大风力，有助于在坡顶形成强风区。

对夏季增风降温的设计措施概括为：制造东南—西北向立体喇叭形的风道布局，在上风处利用或设计冷源，在坡顶布置活动场地。

③冬季

沪杭冬季寒冷阴湿，在此大环境下，风力越小，户外人体舒适度越高。对冬季的最佳感受评价风力为 0.1m/s 左右的间断阵风，风力等级对应"无风"或"软风"。冬季的小气候主要调控目标是增温降风。相对于夏季需要风力带动的冷源，冬季的活动场所宜设于热源所在位置。热源场所的定位，可参考太阳辐射和空气温度的设计策略。

排除太阳辐射因子影响，冬季最大的寒冷体感来源于风。对风的主要策略是制造风障。冬季沪杭盛行西北风。若活动场地平坦，根据上文介绍的风障有效空隙率，可在活动空间的西北面制造空隙率为 50%~75% 的植被或人工风障，阻挡冷风源。若场地有坡度，活动区宜设置在东南向坡面的背风区，并注意避开坡顶的最大风力处。

冬季风环境设计策略可总结为：在南向或东南向坡面设计活动区，避开坡顶区域，并在西北面风口设置空隙率为 50%~75% 的风障。

8.3.1.4 湿环境的季节性控制

水分子重量比空气小，所以干空气分子替代水蒸气分子（即水从空气中替换出去）后，空气总量会大于之前湿润的空气。当湿空气变干后，除非有外界气流进行干预，空气团就如冷气团一样沉积在空间底部。越靠近湿润物体表面，湿度越高；越远离湿润物体表面，则随着距离增大，湿度锐减。水体和植被周边的空气相对湿度比其余环境要高。地表铺装材料也可以通过透水性和热吸收能力影响地表空气水分。

沪杭地处江南，紧邻东海，雨水丰沛，全年空气相对湿度偏高。湿因子的作用是综合气温和湿度。高温高湿让人难以忍受的原因在于当空气中的水分接近饱和时，饱和的空气无法进一步吸收人体体表蒸发的汗水，汗液蒸发散热被抑制，人体就难以降温。因此湿热环境比干热环境更难让人忍受。又由于水的热导率相对空气大，潮湿的空气更利于热量传导，在湿冷的冬季环境中，空气越潮湿，其热导率越大，人体越容易散失热量，因此湿冷环境比干冷环境更难以忍受。所以当沪杭地区处于温暖舒适的季节时，人们对空气湿度的要求较宽松，但极端天气时期出现的高湿度就变得较难接受。

通过小气候设计调节空气湿度的方法可分为两种：（1）空气干热时，通过增加水，促进水汽蒸发降低气温；（2）空气湿热时，通过凝结空气中的水分，使其干燥以提高舒适度。但需注意的是，凝结空气中的水分子虽然可以降低空气温度，但也只能有限度地降低。例如，冰块能迅速凝结水汽，使周围空气中的水分子少于周边空气，但有一个前提条件，在凝结水汽的过程中要避免空气流动，否则降温作用会立即失效。

综上所述，空气相对湿度的调节要点是控制空气中的水分平衡。空气水分的平衡可通过运用水体、植被、地面铺装等要素来实现，也可以通过水体和植被的蒸发、蒸腾和地表铺装材料对空气水分的平衡作用来实现。

（1）春秋季

沪杭春秋季虽气候宜人，但持续时间短，加之平均每年历时 3 周的梅雨季，春秋季剩余的适宜居民运动出行的天数远远低于冬夏季节。本研究发现，春秋季户外空气相对湿度的最佳评价值为 66%~82%，四季中环比最高。春秋季的小气候适宜性设计除晴朗多云、适宜人群出行的天气外，还应考虑在多雨天气为户外空间提供可短暂避雨的休息场所。可运用如玻璃、阳光板、帆布等材料，设置人工构筑物，供小范围人群作避雨停留之用。

（2）夏季

夏季小气候调节的关键点在于阻挡太阳辐射，增加风力。在此前提下，对湿环境的控制力度可适当放低。户外小气候对湿度的改造难度较大，尤其当产生空气流动后，对湿度的控制就变得更难。小气候实验结果指出，夏季最佳的空气湿度为 55%~70%。为达到这个目的，在设计夏季人群活动空间时，为避免日间的高温高湿环境，可在有少量阳光直射的水体周边，以及少风的多植被空间中设置干燥、浅色的铺装，用于降湿；夜间降温后，在选择空气流通顺畅的开敞水体周边为活动人群设计软质铺装，用于增湿。

（3）冬季

冬季研究数据证明，人群活动高峰期的空气温度均高于 6℃。设计中应注意区分温度变化。为避免湿冷对人体舒适度的损害，在空气温度高于 0℃ 并持续升高时，建议人群避免在有风的水体周边活动；当温度降低并接近 0℃ 以下，水体表面结冰，空气中的水汽迅速凝结，相对湿度骤减，此时空气环境呈现干冷状态，配合全日照状态，自然铺装表面的植被区较适宜户外活动。

8.3.2　风景园林元素对小气候的作用机制

在对小气候设计进行热、风、湿基本要素的季节性调控策略分析之后，笔者将从风景园林设计元素的角度对调控策略进行补充说明。风景园林元素包括地形与朝向、铺地材质和颜色、构筑物、植被、水体等。对风景园林元素的合理运用可以在微小尺度上有效改变风速、风向以及太阳辐射和地面辐射量，但对空气温度和空气相对湿度的改变就相对小得多。

8.3.2.1　地形与朝向

地形与朝向是设计的重要基础，对小气候环境影响巨大。地形可分为洼地、平地和台地 3 种类型。空气从高气压往低气压处流动时，受地形影响，只能保持曲线流动而不能直线流动。遇到上坡时，也因为地形影响，空气体量被压缩，导致风速加快，风速会在坡顶达到顶峰。因而，夏季可在坡顶设置活动区，冬季宜在坡底或背风处活动。

通常情况下，北半球的南向坡太阳辐射最大，北向坡太阳辐射最小，东向坡是早上活动最理想的位置。可设计朝向东南方的缓坡，在春秋季形成主风道，在夏季形成盛行风风峡，在冬季规避西北盛行风，增加向阳空间的面积。

8.3.2.2　地表铺装

铺装物的颜色、材质、渗透性决定了其对热量的吸收、储存和辐射，以及调节地表温度

ापर

和湿度的能力，并借此影响使用者的舒适体验。

（1）铺装材质

材料的反射率和比热容[319]（表8.2、表8.3）是造成近地面气温差异的主要原因。几乎所有人工材料铺设地表的白天温度都比周围空气高，晚间温度都比周边空气低。合理使用铺面材料可显著改变地表辐射和近地面空气温度。近年来新研发的铺地材料，尤其是"气候性面层材料"[326]，可依据蓄热性和热特性选择，气候性面层材料的功能目标为"有效限制地表面径流，蓄存天然降水，并通过气候要素在地表产生自然调和能力消耗太阳辐射能，实现地表及周边环境的被动降温，进而有效地削弱城市热岛效应"。

铺装材质的反射率　　　　　　　　　　表8.2

铺装材料	混凝土	砖石	沥青	木材	草坪
反射率（%）	30~50	23~48	10~15	5~20	12~30

来源：林俊.上海城市半开敞带小气候要素与空间断面关系测析[D].同济大学.2015.

各种材质的比热容量　　　　　　　　　　表8.3

材料	比热容量 J/（Kg·K）
水体（液体）	4.20×10^3
沥青	1.67×10^3
木材	1.26×10^3
透水砖	0.92×10^3
混凝土	0.84×10^3
干燥泥土	0.84×10^3
花岗石	0.80×10^3
钢材	0.50×10^3

来源：林俊.上海城市半开敞带小气候要素与空间断面关系测析[D].同济大学.2015.

相比人工材料，当地表覆盖材质为植被时，植被的热能平衡作用即被凸显出来。植被储存能量的方式包括物理热的储存和生物化学能量储存（光合作用和二氧化碳交换的结果）。用植物覆盖替代人工材料铺设或裸露的地面，能发挥其低反射和低地表温度的特性，从而调节近地面步行者的热应力。

典型草坪具有低反照率，反照率一般在0.2~0.25[327]。意味着与水泥或淡色石头铺设相比，草地反射到步行者身上的短波辐射相当少。其次，草坪具有高蒸发降温能力。暴露在天空下的，适当灌溉的草坪能够成为重要的蒸发降温源。

尽管草地的反照率比较低，对太阳辐射的吸收率较高，但铺设适当的植被可以把浅地表层吸收的辐射能量通过蒸腾转化为潜热。这不仅可以减少近地面空气中的热感，还能让地表维持比深色硬质地表更低的温度。这个差异可以应用在热应力明显的夏季白天，来帮助草坪空间达到减少热量的目的。

选择铺装材料时，应综合考虑场所功能、使用者群体特征和主要使用时间，针对性地根据蓄热量和散热性能选择材料。有研究表明，地面在辐射、传导、对流的综合作用下，对离地 40~60cm 高度的空气温度影响最大[324]，可见铺装材料对儿童的影响比成人大，对坐憩者的影响比站立者大，这一点也需要设计者加以考虑。

（2）铺装颜色

除材料外，暴露在强烈阳光下时，铺设材料的纹理和颜色对地表温度评估也有显著影响。浅色材质对阳光有较高的反射率，反射的太阳辐射被空气中其他物体吸收，可使物体表面保持或接近原有的温度。深色材质容易吸收太阳辐射，产生表面辐射，提升表面温度，晚间产生的湿热效果更明显。

8.3.2.3　构筑物

构筑物的设计分立面和顶面两部分。

构筑物立面按封闭程度，分为全封闭的墙体和半封闭的栅栏。东西向的封闭墙体可在午间吸热，晚间则释放出日间储藏的能量。四季中冬季的吸热效果最强。南北向墙体会在上下午阳光直射时吸收太阳辐射，升温并释放物体表面辐射。被落叶藤本植物覆盖后的墙体温度较周边低，只释放少量辐射。当半封闭的透风栅栏为东西向时，四季均可遮阳，其中冬季遮阳面积最大，夏季面积最小；为南北向时，遮阳效果可忽略。当栅栏垂直于盛行风时，栅栏背风处可有效降低风速，降风效果在空隙率是 35%~50% 时表现为最大[229, 269]。

顶面设计中，南向顶棚可在夏季遮阳，冬季保证日照。在顶面种植爬藤植物产生的效果和落叶植物相同。但当顶棚面朝东、西、北向时，对气候的调节作用不大。

设计中，必须考虑树篱或树带与相邻建筑之间的关系。可以把相邻建筑看成是风障迎（背）风面的影响因素。如果相邻建筑靠近风障，在距离小于等于风障高度 4 倍[274]的范围之内，建筑前的驻涡旋可明显支配两者区域内的气流。在这一范围内，存在空隙的风障与无空隙的风障作用相似。一旦风障下风距离超过该比例，则空隙风障的效果会比坚实风障更明显。

8.3.2.4　植被

相对于常绿树种，落叶树种的合理使用是小气候设计更应关注的内容。落叶树能在夏季提供遮阳，冬季接纳太阳辐射，而且对风的影响较弱。针叶常绿树种可四季遮阳，这在夏季是优点，在冬季则为缺点。另外，常绿树对风的阻挡作用较落叶树种明显。北美某项研究对树种的透射率进行了详细调查归总[328]（表 8.4），提供了各类树种对风的阻挡效果，可作为风障设计的有效参考。

植被对空间底面设计的作用可参见"铺地材质"的相关文字，这里侧重关注乔灌木树冠对小气候的影响作用。植被设计最大的难点在于对太阳辐射和风的协调。庞大的树冠会阻断太阳辐射，阻碍空气流通。植被通过多层树叶和树枝，为树冠以下的空间阻挡了太阳辐射。在维持不高于周边气温的同时，阻挡了空气向树冠下部空间的流动，影响了树冠下部空间的舒适体验。

在夏季协调太阳辐射和空气流动方面，相应可行的设计措施有：人为地提升树冠高度，为下部近地面空间保留足够气流横向流动的高度。该高度根据城市常用树种，一般可设定为6m。这样在保证减少太阳辐射的同时，也可保持近地面空间的空气流通。

树木遮阳效果 表8.4

植物名称	透射率		叶状	落叶	树高（m）
	夏季	冬季			
槭树	5~14	60~75	E	M	15~25
红花槭	8~22	63~82	M	E	20~35
枫树	10~28	60~87	M	M	20~35
糖槭	16~27	60~80	M	E	20~35
七叶树	8~27	73	M	L	22~30
加拿大一枝黄花	20~25	57	L	M	n/a
白桦	14~24	48~88	M	M~L	15~30
山核桃卵形	5~28	66	n/a	n/a	24~30
楸桐	24~30	52~83	L	n/a	18~30
山毛榉	7~15	83	L	L	18~30
水曲柳	10~29	70~71	M~L	M	18~25
皂荚	25~50	50~85	M	E	20~30
黑核桃	9	55~72	L	E~M	23~45
北美鹅掌楸	10	69~178	M~L	M	27~45
北美蓝云杉	3~28	13~28	n/a	n/a	27~41
五针松	25~30	25~30	n/a	n/a	24~45
悬铃木	1~17	46~64	L	M~L	30~35
美洲黑杨	10~20	68	E	M	23~30
颤杨	0~33	n/a	E	M	12~15
白橡木	13~38	n/a	n/a	n/a	24~30
红橡木	12~23	70~81	n/a	M	23~30
小叶椴	7~22	46~70	L	E	18~21
美国榆木	13	63~89	M	M	18~24

注：（1）叶状：E（早期）4月前；M（中期）5月1日~5月15日；L（后期）5月15日后。
（2）落叶：E（早期）11月前；M（中期）11月1日~11月30日；L（后期）11月30日后。
（3）n/a：表示该栏不适用。
来源：Brown Robert D. Microclimatic Landscape Design：Creating Thermal Comfort and Energy Efficiency [M]. International and Pa–American Copyright Conventions，Washington DC. 2010.

8.3.2.5　水体

水体对小气候的影响可从以下几方面考虑：（1）平静的水面会反射太阳辐射，在夏季正午高辐射条件下，降低人体的舒适感受；（2）平静水面对风的影响效果不明显，无法显著降低或增加空气流速；（3）当空气存在少量交换流通时，水体可在小范围内影响周围空气的温度和湿度，一旦风速变快，该影响会被削弱；（4）当水体处于某物体表面时，会降低该物体的表面温度，并减少其散发的地表辐射。该结论支持在夏季傍晚或夜间用来降低风景园林空间内的气温。

8.4　小气候季节适宜性设计策略

研究在人群对空间使用功能的选择基础上，利用小气候对空间使用的影响机制，从空间形态和景观组成元素两方面，寻找切实的适宜小气候季节性变化规律的风景园林空间设计策略和方法。设计应在满足人群活动基本功能性需求的同时，保障空间内的小气候适宜性，为活动人群提供更为优质、舒适的环境。

8.4.1　空间性设计策略

从使用者角度出发，人群对空间的选择不仅受制于小气候环境，还受制于空间功能。根据前文对 4 类空间类型的行为活动统计发现，开敞空间最受使用者欢迎，使用频率最高。因此，鼓励设计风景园林空间时优先考虑开敞空间，以满足大多数使用者的需求。

设计师应利用小气候环境，合理设置休憩活动设施，在各季适宜位置摆放座椅或活动器材。休息座椅设置应注意夏季通风且抵挡太阳辐射，冬季避风且保障太阳辐射。在安静、安全的内部区域适宜设计大型的可供大多数人群集体活动的硬质铺装地面，或若干个小型活动场所。大型活动场所宜配合周边建筑，顺应城市主导风向布置场所内部风道。小型活动场所设计应具备多种围合方式，提供不同围合程度的空间以满足不同人群的需求。小气候适宜性设计不单要为不同的使用功能服务，也要满足不同使用者的需求。

8.4.2　季节性设计策略

基于上文小气候环境因子与风景园林组成元素的相互作用机制分析，笔者初步提出基于季节变化的小气候适宜性设计策略。如前文对各季节的主客观研究结果显示，冬季的舒适感最低，夏季居中，春秋季最佳。因此沪杭中心城区典型风景园林空间的小气候适宜性设计，首要考虑对冬季舒适感的维护和提升，其次为夏季，春秋季的小气候环境创造最后考虑。

研究对应各季节，分别提出小气候主要调节目标、小气候感受的量化需求、关键设计策略和针对使用者的空间选择方案，详见图8.3。对空间使用者而言，春秋季的活动应注意避雨，在设计中主要体现为维持各气候因子的稳态平衡以及增加防雨设施；夏季的活动应注意遮阳和降温、增风，设计上对应针对太阳辐射、空气温度和阵风风速因子的变动；冬季活动应注意采光、增温和降风，在设计策略的体现上与夏季相反。对各气候因子的量化需求已在前文作了详细的总结。本章研究主要针对该需求，提出与之对应的热、风、湿环境的设计策略，试图通过对风景园林要素的综合利用来实现小气候要素的季节性调控，为沪杭地区风景园林空间各季节中普适性的活动空间提供建议。

8.4.3　设计策略的季间调和

如果小气候环境的变化无法被人感受到，设计就失去了意义。提供可以被使用者有效接收的小气候环境信息，才是设计需要达到的目标。实际状况中，面对可控的不舒适感，人在空间使用的过程中会随时进行自我调节。自我调节的方法包括加减衣物、增减活动强度、移动位置、使用可随身移动的加热或降温设备（如前额置式风扇、暖水袋、暖宝宝等）。其中促使使用者主动"移动位置"是风景园林设计师可通过设计手段帮助较快实现，并以此影响人体舒适度的主要途径。由于人对空间舒适要求的个体差异，使用者在空间中"移动位置"成为满足热舒适最好的解决办法。为满足使用者"移动"的自我主动选择，设计师必须在风景园林空间中布置可满足不同季节小气候感受的多种空间，以备使用者自由筛取。

本研究在提出各季设计策略的基础上，将小气候的时间变化规律融入固定的空间格局内。通过对风景园林设计元素（特别是地形、朝向、植被、铺装材质和色彩）的多元利用，来满足各季节及时间段中，大多数人对户外小气候的舒适要求。在图8.3所列内容中，仍可能出现无法调和的矛盾。当面临该类状况时，设计师需要知晓怎样的设计可以在何时提供最佳的舒适度和便利性；哪类设计是最紧要的，必须遵循；哪类设计是建议性质的，可以适当改动。基于这些考虑，笔者将设计策略进行了进一步的季节间协调，将各季的小气候设计要点划分为"必须""应""宜"三个等级，详见表8.5，各措施对应等级详见表格下方注解。"必须"等级是设计师在小气候适宜性设计中务必做到的事项，在与其他设计发生冲突时，必须首先满足该要求。"应"等级是排除无法控制的情况之外，应该执行的要求。"宜"等级相对可以允许被改动，在与上述要求发生冲突时，本项要求可为前两者做出让步。

风景园林环境小气候季节适宜性设计策略

季节	建议活动空间类型	主要调节目的	小气候感受量化需求	小气候适宜性设计的关键设计策略			
				热环境		风环境	湿环境
				太阳辐射	空气温度		
春秋季	各类空间皆可	平衡协调；短暂避雨	空间温度 18~25℃；相对湿度 66%~82%，多天遮阴方式；风速约 1.0m/s 平和、连续的软风或轻风	满足活动者遮阳，半遮阴(75%、50%、25%遮阴状态)及无遮阳的多种日照需求	符合设计规范，即可满足舒适要求	利用建筑和植被的围合，结合城市主导风设计东南—西北向的主要风道，保证风的持续、稳定和连贯	运用人工构筑物，如玻璃、阳光板、帆布等材料，设计可供小范围人群活动停留的避雨场所
夏季	首选半开敞、半封闭空间；其次封闭空间	遮阳降温增风	充足的全遮阴场所；气温 <30℃；相对湿度 55%~70%；风速 > 3m/s 的连续微风	全选遮阴措施可配合使用人工遮阴和树木遮阳	白天选择浅色硬质铺装；夜间选择深色硬质铺装	制造东南—西北向三维流体即地形风道布局，在上风处利用或设计冷源，活动场地宜设置在坡顶	白天选择全遮阴状态下干燥浅色铺装空间；夜间选择有风的开敞水体空间周边
冬季	首选朝阳的开敞空间；其次为封闭空间；再次为半封闭、半开敞空间	采光增温降风	太阳辐射持续稳定；空气温度 >6℃；风速约 0.1m/s 但不持续的微风；空气相对湿度 55%~57%	以全日照设计为主，南侧和内部的落叶树种选择需要设计师考虑落叶时间和树干透射率，以确保冬季活动区域得到足够的太阳辐射	白天选择深色硬质铺装，夜间选择高含水量铺装在人工遮阳伞和人工构架下，遮阳伞和人工构架或内部附近	南向或东南向坡面设计为活动区，并在西北风向设置空隙率为 50%~75% 的风障	在空气温度高于 0℃并持续升高时，避免在有风的水体局边近；当温度降低并接近 0℃以下，配合全日照状态，可选干燥铺装地表面的植被区

注："量化需求"中各小气候因子的排列顺序以其对人体感受的影响因子强弱顺序排列。

图 8.3　风景园林环境小气候季节适宜性设计策略

143

沪杭风景园林空间小气候季节适宜性设计策略与调和　　　　　　　　　　表 8.5

空间围合面	关键小气候因子	设计策略			设计策略的季间调和
		春秋季	夏季	冬季	
顶面	太阳辐射、空气温度	<u>满足全遮阳、半遮阳（75%、50%、25% 遮阳）及无遮阳状态的需求</u>	加强使用人工和植被结合的全遮阳措施	<u>全日照最佳</u>。选择空间南侧和内部的落叶树种时需考虑落叶时间和树干透射率	以落叶乔木为主，搭配常绿植被以满足以下要求： · 夏季遮阳； · 冬季采光； · 春秋季半遮阳
立面	空气温度、空气相对湿度	运用人工构筑物，设计可供少数人短暂停留的避雨场所	· 白天提供全遮阳状态下干燥的浅色铺装空间； · 夜间提供有风的开敞水体空间	· 在空气温度高于 0℃并持续升高时，避免有风的临水场地； · 全日照且温度降低到0℃及以下时，提供干燥铺地表面的植被空间	· 夏季设计干燥地表铺装，避免湿润地表； · 冬季提供有水体或植被群落空间
	空气温度、阵风风速	利用建筑和植被的围合，结合城市主导风向，设计东南—西北向的主要风道，保证风的持续、稳定和连贯	· <u>制造东南—西北向三维喇叭形风道布局</u>； · 抬高树冠，满足底部通风要求； · 在上风处利用或设计冷源，活动场地宜设置在坡顶	· <u>南向或东南向坡面设计为活动区</u>； · <u>在西北来风处设置空隙率为 50%~75% 的风障</u>	· 全年首选东南—西北向抬升坡面； · 东南角处设置落叶植被或水体等冷源； · 主体坡道设计为东南开阔、西北狭小的立体风道； · 在西北角设 50%~75% 透风率的风障
底面	空气温度、空气相对温度	符合设计规范	· <u>白天选择浅色硬质铺装</u>； · <u>夜间选择深色自然铺装</u>	· <u>白天选择深色硬质铺装</u>； · <u>夜间选择高含水量铺装的树冠下、遮阳伞和人工构架内部或附近</u>	· 夏季或白天过热时，选择浅色和硬质铺装； · 冬季或夜间过冷时选择深色和自然铺装

注：①下划两条线字体的措施为最高等级"必须"，表示很严格，务必遵照执行；
②下划一条线字体的措施为第二等级"应"，表示严格，在正常情况下均应执行；
③普通无下划线字体为第三等级"宜"，表示允许稍有选择，在条件许可时应执行。

8.4.4 设计过程注意事项

任何设计都会对所属空间的气候产生影响。微小空间的小气候从下至上影响局地气候、城市气候，以少积多地产生蝴蝶效应，甚至影响区域气候、全球气候。小气候营造是以有效理论为基础，依靠真实的数据进行的刻意的设计。小气候对城市环境的影响不仅应依靠设计师的责任和公民的作为，政府作为决策者更应了解该项指导方针。对气候环境提升策略的沟通改进，不仅需要多学科之间的交流互助，更需要各级决策者的参与。与决策者之间的沟通方式需有效、有力，以助于官员理解信息，了解气候适宜性设计的重要性，并从中受到启发，切实加以实施应用。

在小气候适宜性设计过程中，需要具体注意的事项包括前、中、后三部分。前期设计过程可分为前期气候数据统计、案例分析、场地分析、甲乙方交流；中期设计过程指甲乙双方（或含第三方）评估；后期设计过程包括总体跟进和后续维护和调整。

8.4.4.1　前期气候数据统计

设计前期应对气象数据进行统计分析，寻找城市整体和局部的典型气候特征，获取不同季节、不同时间段的主导气候现象。设计决策前期的测量只有在使用适当的仪器时才能实现，并且数据分析必须以适合数据类别的方式完成，例如按名义顺序、时间顺序、时间间隔或比率等特征进行排布分析。因此小气候研究的第一个重要规则是：适当选择并正确使用实验仪器。小气候测试仪器的种类有很多，测算精度相去甚远，实验应选择适合自身实验目的，且满足实验所需数据的仪器辅助测试。在确定测试仪器后，还应保证在仪器使用过程中运用正确适当的方法，才可保证获取可靠信息。

8.4.4.2　案例分析

设计前期，还应回顾本地区优秀的气候适宜性设计案例，在前人已有的知识经验基础上提高自身设计水平，规避可能出现的错误。

8.4.4.3　场地分析

场地分析旨在明确场地环境特征，了解场地基本信息。地形朝向、构筑物、植被、水体、空间结构是场地分析必须具备的几大方面。场地分析可以结合朝向坡度图和植被结构图，突出小气候的影响作用。坡度和朝向是地形的最大特点，东南西北不同朝向的坡面接收太阳辐射的时段和强度都不同。地形可用于分析场地上的日照变化、朝阳或背阴情况。落叶树和常绿树的不同树叶类型会影响场地内的太阳辐射和风力。

任何场地设计上的微小改动都可能对小气候造成一定影响。如前文所述，改变小气候环境最快捷的方法就是改变空间内部的太阳辐射和风因子。太阳辐射的改变可通过顶层遮挡方式实现。对于风的改变则较为复杂，风对空间环境的影响可以尝试使用以下方法完成设计角度的检验：如使用田野实验或实验室风洞实验方法，验证风环境对整体气候环境的影响结果是否典型，现场考证各空间景观元素如何对风环境产生影响，并结合场地空间的地形、朝向、结构、植被、构筑物等综合信息实现对风环境的改动设计。

小气候环境的计算机模拟软件 [329-330] 是连接小气候理论研究和设计实践的关键桥梁。在工程实施前，可使用三维模型的模拟效果，反复推敲、明确场地空间特征及其与所处气候环境的相互影响关系，了解气候对场地的正负面影响。并以模拟结果为依据，对使用者需求进行全方位的预期效果测试、验证和整合。

8.4.4.4　交流沟通

交流包括与甲方的交流和与使用者的交流。与甲方就设计理念和途径进行讨论、交流，共同决定适合的方案。与使用者的交流可帮助明确使用人群的真实空间需求，让设计更为亲民、实用。

8.4.4.5　后期评估

良好的城市小气候环境营造需要详尽、细致的过程保障，包括后期施工、评估干预的可实施性和有效性。建设后对设计的实际运行情况进行定时评估，以便及时修正设计效果。

8.4.4.6　总体跟进

继续大力推进计算机软件的应用，以便在建成前精确预测结果，有效了解设计后果。最后，所获得的成果应该超越学术界范围，以可被民众理解和使用的方式，通过决策者的政策制定和推广来改善城市未来的气候。

8.5　本章小结

本章是研究综合结果的整体提炼章节，位于"层次论"理论推导过程中总结部分的"反证"层次。本章内容通过"实验"层次的 3 项主体实验结果和"客体"层次中对使用者行为活动的客观调查，从大量数据的分析结果以及结论归纳中，以反向推导验证的逻辑来验证文首提出的风景园林感受评价理论框架和方法论。本章的研究方法对应风景园林感受实践三元论，对设计实践的要素和步骤安排进行了三元分解。

本章结合前文发现的各季小气候环境、生理感受、心理感受、行为活动的特征和结论，对风景园林空间提出小气候季节适宜性的设计策略建议。沪杭典型风景园林环境小气候季节适宜性设计策略分别从各季节出发，通过关键的季节性小气候调控因子的梳理；小气候热、风、湿因子个体和整体相互的季节调控；对风景园林设计元素的利用来进行详细阐释。为防止设计策略间发生冲突，进一步将各季的小气候设计要点划分为"必须""应""宜"三个等级，供设计师选择。

在小气候各因子中，空气温度和相对湿度在微小层面上可调节的余地较小，相较而言能通过设计做出较大改变的是太阳辐射和阵风风速。小气候适宜性设计原则遵循"冬季为主，夏季为次，春秋为辅"的设计方针。四季设计的主要目的是：春秋季利用城市气候环境，合理调节、平衡小气候，并注重避雨措施；夏季加强风速，减弱太阳辐射和地表辐射；冬季减弱风速，加强太阳辐射和地表辐射。设计中风景园林设计要素的关键点应落实在对空间顶、立、底面的地形朝向、材质颜色、构筑物、植被、水体的合理运用上。

最后，值得提出的是本章主要作用是对小气候适宜性的初期规划设计进行指导，而非对已建作品的改造。

第9章

结语

本书关注以沪杭中心城区为例的城市典型风景园林空间小气候环境感受研究，试图从季节差异性角度，通过对基础理论的搭建和研究方法的确立、各类风景园林空间的小气候环境异同点解读、使用者生理感受以及心理感受的评价、使用者行为活动的评价等方面，结合风景园林空间设计元素，总结出一套适合典型风景园林空间的小气候季节适宜性设计策略。

9.1 小气候环境变化机制与规律

对风景园林空间小气候环境的测定是小气候感受研究开展的前提，通过连续测量分析客观物理现象，可以找到各空间环境的底层差异，帮助设计师更好地理解并创造顺应小气候条件的户外活动空间。小气候环境的评价结论包括各季节小气候因子的相互影响机制，以及小气候日变化与季节变化规律。

9.1.1 小气候因子作用机制

本书主要涉及的4类小气候环境因子：太阳辐射、空气温度、阵风风速和空气相对湿度，其间的相关性分析有助于设计者了解风景园林小气候物理性能运作原理和机制，更好地理解并运用景观元素调节并提升小气候环境与人体感受评价。

分析小气候因子的季节相关性差别，得出的结论包括：（1）春秋季的太阳辐射与阵风风速、空气相对湿度呈弱相关关系，空气温度与空气相对湿度为负相关关系。（2）夏季的实验结果显示，太阳辐射、空气温度与阵风风速间不存在相关性；但空气温度与空气相对湿度呈显著负相关；太阳辐射与空气相对湿度为弱负相关。（3）冬季的太阳辐射、空气温度与阵风风速之间存在弱相关关系；太阳辐射和空气相对湿度呈弱负相关，空气温度与空气相对湿度呈显著负相关。从而，我们可以认为小气候因子的内部作用机制主要表现为热要素对风要素的促进机制以及热要素对湿要素的抑制机制。在户外环境的现实情况中表现为太阳辐射或空气温度越高，阵风风速越快，空气相对湿度越低。

9.1.2　小气候因子变化规律

小气候因子各季节的变化规律分为日变化和季变化两类。两者均可从相同点和不同点进行阐释。

无论典型风景园林的空间结构特征如何，其内部的小气候因子变化状态均表现出明显的日变化共时性。太阳辐射值的昼夜变化差异显著，太阳辐射出现时间比全年日出时间约迟30分钟，但消逝时间普遍与日落时间相近。太阳辐射和阳光直射状态密切相关，获得阳光直射区域的太阳辐射值高且增减变化显著。当空间内部在阳光直射范围内时，太阳辐射曲线均处于峰值，无阳光直射的区域则太阳辐射值低且辐射值波动温和。空气温度全年变化的整体特征为，日出后约1小时出现日间最低值，随后空气温度值快速上升达到顶峰，最高峰值出现在下午14：30~15：10之间，之后缓慢回落，降至谷值。总体而言，开敞硬地空间的全年平均空气温度最高，围合度最低且多水体的半开敞空间平均空气温度最低。全年阵风风速变化规律显示为早晚低午间高，风速全日变化规律在各类空间内均呈现出交错发展的共时变化特征。结合空间方位和朝向，可以认为，城市主导风向能部分程度地影响微小空间内的风环境，但空间内部风速普遍较城市风速低，且城市风速越大各类空间之间的风速差异越小。空气相对湿度与太阳辐射和空气温度全年呈负相关关系，太阳辐射增强则相对湿度数值下降。太阳辐射峰值回落后，空气相对湿度出现缓慢攀升，直至次日太阳辐射出现时再次回至顶峰。

除共同点之外，城市风景园林小气候因子的差异性体现如下。

（1）春秋季

春秋季空间内部的太阳辐射值与空间顶部覆盖状态密切相关。顶层具备覆盖装置的空间，太阳辐射值维持低位稳态平衡，共时数值同比约为顶层无覆盖空间的三分之一。无顶层覆盖物的空间，太阳辐射全日均值与极值环比均为最大，且日出日落时段的波动幅度较为明显。半覆盖空间的太阳辐射总值环比居中，因为太阳直射状态更替频繁，该空间的日间辐射值变化最为剧烈。春秋季的昼夜平均空气温差全年同比最大。气温最大值出现在立面受植被围合的封闭空间类型，与之相对的最小值出现在临水的半开敞空间。春秋季平均风速全年最低。近地面空气流速和地面铺装材质关系密切，硬质铺地利于空气快速流动，软质铺地会减缓近地面空气流速。立面围合物种类越多、围合状态越复杂，风速越低。空气相对湿度在春秋季的变化幅度最大，但各空间之间的差异不明显，共时绝对值较为接近。

（2）夏季

当空间处于阳光直射和覆盖物遮挡这两类状态的转换时段时，夏季的太阳辐射值变化剧烈，且太阳高度角越高，这种变化越鲜明。相比春秋季，夏季各空间的太阳辐射差别更大，对比更为明显。由于受到阳光直射影响，夏季典型气象日中，各空间的太阳辐射值曲线各异，平均值和极值差异显著，变化不一，未出现明显共时变化现象。对比各空间，无顶层覆盖的开敞空间太阳辐射全日变化幅度最剧烈，顶层全覆盖空间则最为平稳。夏季各区的日间平均气温差全年最小。实验期间，夏季最高气温出现在硬质开敞空间，最低气温出现在临水的半开敞空间。物理距离相邻的两类空间之间存在较明显的气温共时变化现象，各空间的间隔距离越远则共时气温差异越大。夏季平均阵风风速较全年最高，各空间风速变化差异明显，且变化规律各异。夏季的平均空气相对湿度值普遍高于其他季节，在半开敞空间、植被环绕的封闭空间、硬质铺装的开敞空间之间均呈现等差序列的共时变化特征。

（3）冬季

冬季区别于春、夏、秋季，太阳辐射总量最低。其中，滨水半开敞空间的太阳辐射总值远超其他空间。可见，气温越低，水体的储热优势以及对辐射热的镜面反射与散射作用就发挥得越明显。冬季各空间的全日平均温差表现全年居中，各空间气温值曲线在 13：00 之前均呈递增状态，但各变化曲线基本无相交情况，13：00 之后胶着的共时变化特征开始显现。有别于其他季节，冬季阵风风速因子较大程度地受到城市盛行风向影响，具备相同方位和朝向的风景园林空间呈现明显的共时变化特性。平均空气相对湿度冬季最小，但各空间之间存在全年同比最大的昼夜温差。除此之外，绿量丰富的空间内部，空气相对湿度曲线波动剧烈，极值差为其他空间的一倍。

9.2 生理感受结论

在本研究中，小气候环境生理感受研究分为生理等效温度计算和心率变异性测定的两部分结论。两者对小气候环境实测数据的推演和现场使用者的真实使用状况讨论，为生理感受季节性差异论证提供了研究基础。

生理感受评价研究中最重要的实验结果证明，小气候环境中太阳辐射和空气温度的热环境因子是影响人体生理感受的最主要原因。在各季节的实验结论中表现为：冬夏季节，太阳辐射是人体舒适度最主要的影响因子；春秋季节，空气温度是最主要的生理感受影响因子。

9.2.1 生理等效温度

根据使用者的实际问卷调查结果，证明全年户外活动人群的小气候综合环境感受的可接受范围，即生理等效温度范围，为 −0.1~35.3℃。全年生理等效温度中性温度计算结果为 24.45℃，其中夏季为 27.25℃，冬季为 6.24℃。

研究继而根据生理等效温度实验结果，对各测试季节的小气候因子影响力进行了先后排序，总结出每季的小气候舒适度主导因子和人体舒适感受最佳的小气候环境数值变化范围。（1）春秋季影响人体舒适感受的最主要小气候因子是空气温度。植被全封闭且兼有多种遮阳方式的休憩活动空间是春季评价最优的类型。春秋季可提供最佳体感的小气候因子范围为：空气温度 18~25℃，相对湿度 66%~85%，连续阵风风速约 1.0m/s 且风力变化微弱平和。（2）夏季影响人体舒适感受的最关键小气候因子是太阳辐射。立面全开敞且拥有完全遮阳设施的硬质铺地空间是夏季人群活动最多的空间。人体感受最舒适的小气候环境特征为：有大量完全遮阳的休息场所，空气温度低于 30℃，风速大于 3m/s 的连续微风，空气相对湿度维持在 55%~70%。（3）冬季的太阳辐射是影响人体舒适度的关键小气候因子。立面全开敞且无遮阳的硬质活动空间最受户外活动人群欢迎。冬季评价最突出的小气候特征为：光照强，太阳辐射持续稳定，气温大于 6℃，有风速不大于 0.1m/s 且不连续的微风，空气相对湿度维持在 55%~57%。

9.2.2 心率变异性

各季生理反应实测的平均心率变异性为：春秋季 1.04，夏季 1.38，冬季 2.24。结果表明冬季的生理不舒适感觉最强，夏季居中，春秋季最佳。因此，综合使用设计元素改变冬季小气候环境，提升冬季人体舒适度，是沪杭地区小气候适宜性设计的重中之重；其次应关注夏季户外活动体验与感受；春秋季的小气候环境基础良好，相应的小气候适宜性设计措施可放至最后考虑。

9.3 心理感受讨论

心理感受实验主要涉及使用者对小气候综合环境和小气候各因子的主观感受与偏好评价调查。实验结果显示，沪杭中心城区居民对小气候环境因子的变化范围的可接受程度较广，实验人群均表现出很强的适应能力，以及对气候变化的较高忍耐力。与生理感受实验结论相同，心理感受实验同样证明沪杭居民冬季的忍耐力低于夏季，即人体在寒冷环境中的忍耐力表现弱于酷暑环境。因此冬季的季节性小气候适宜性设计更应得到城市空间设计师的重视。

研究对主要小气候因子作了主观感受及偏好评价总结，阐释如下：

户外活动人群对春秋季太阳辐射变化表现出的可接受阈值范围最大，冬季则最小。该结果符合对户外气候环境的一般认知，但进一步细究可接受范围内的舒适范围发现，相对于气候条件较为严峻的冬夏季，活动人群在春秋季对太阳辐射舒适感评价反而更为苛刻。究其原因，此类在已有选择范围之内继续提出更严苛要求的晋阶选择实验，让大部分受试者不自觉地在两者间建立起比较关系，从而在心理上设立了更高的进阶层级评价标准。这样的评价标准差异同时体现在冬夏季心理评价实验结果中。冬夏季节出现的恶劣气候条件，普遍超出户外活动人群的舒适体感范围。受试者在实验要求的评价过程中，根据自我经验和所处环境，为自身可接受的气候环境条件设定了舒适阈值。在这种条件下产生的小气候可接受范围已受到了较多制约，形成了偏向理想化的舒适感受限定范围，从而导致舒适范围与可接受范围间的差值变小。这也从侧面说明人在优越的气候条件下会对环境舒适度提出更高的要求。

阵风风速的偏好选择显示，户外风景园林空间的活动人群对无风和风速大于 3m/s 的天气条件均有不舒适的感觉。全年相比，活动人群在春秋季和夏季偏爱高风速，在冬季更偏爱低风速。春秋季气候条件较为温和平稳，适合户外活动，和风带来的凉爽体感符合大部分人群的偏爱。夏季酷暑闷热的天气可以在微风下得到较好缓解，这也是实验人群选择高风速的原因。沪杭冬季湿冷，空气流动带来的体表温度降低在实验基地中得到较好的验证。临水且风速较大的风景园林空间，是人群在阴雨天气时刻意选择避开的主要对象。

全年的空气相对湿度感受评价结果明显呈现上午高、下午低的特征。空气相对湿度因子在春秋季和夏季的变化幅度与范围和全年变化基本吻合，大部分活动人群对该因子的变化范围表示接受。但冬季活动人群一致选择低湿度条件的空间。与阵风风速因子偏好选择结果相同，沪杭城区冬季所具备的气温低、太阳辐射值低、空气相对湿度高的大环境特征，是人体感觉阴冷的主要气候原因。选择空气相对湿度较低、风速较低的活动空间，可以有效保持体表热量的流逝，维持体感的温暖。

9.4　行为活动评价

对使用者行为活动的观测实录，可以用空间使用者"用脚投票"的实际数据证明小气候环境实验、生理感受实验、心理感受实验的实验方法以及研究结论的科学性与合理性。

春秋季和夏季的人群户外活动高峰时段基本覆盖全日空气温度变化范围，但冬季的活动高峰期明显避开了低温时段，集中在全日高温范围内。该观测结果同样支持城市居民对寒冷环境的忍受度不如炎热环境的研究结论。

另外，行为活动观测实验的四季平均活动时长比较结果显示，沪杭两地的春秋季小气候对人群活动时长并无明显影响，所有正常活动时段内的小气候条件均在舒适区内。换言之，人群活动的时长限定基本不受气候条件的影响，而是受其他例如活动目的、陪伴人群等非气候条件的控制。但冬夏季小气候条件对人体感受的影响力显著增加，同等的非气候环境制约条件下，冬夏季活动时长明显低于春秋季。春秋季人群平均单次活动时长约为 1~2 小时，夏季约为 1~1.5 小时，冬季最短为 0.5 小时。统计结果再次证明，除春秋季外，相对于寒冷气候，沪杭民众更容易忍受炎热气候下的户外活动。即相比于夏季，冬季的小气候适宜性设计更值得被规划设计师重视。

空间类型方面，从风景园林空间各季度的实际活动情况看，春秋季和夏季中最受欢迎的空间排序一致，依次分别为开敞空间、半封闭空间、半开敞空间、封闭空间；冬季的排列顺序则为开敞空间、半开敞空间、封闭空间、半封闭空间。有趣的是，该结论和依据生理等效温度指标计算得出的生理感受实验排序结果出现了部分差异，特别是春秋季。该差异说明使用计算机模型计算的空间使用理论状况和现实状况间存在一定差距，对空间的真实使用情况无法单纯通过实验室模拟方法得出，脱离实地检测验证的理论研究方法不足以证明或者精确推论真实的客观存在现象。因此，笔者建议对小气候适宜性的设计指导应强调获取具体样地的实地数据，通过气候数据实地监测并结合使用者的行为模式和使用习惯观测，共同制定针对性的指导方针与设计策略。

纵观全年，城市高密度住区的开敞空间是最受使用者欢迎的空间。因此对于开敞空间的小气候适宜性设计是住区户外空间设计的关键所在。另外，在沪杭地区可被接受的热中性温度阈值和小气候各主要因子的变化阈值的研究中，证明人口属性，如原驻地、性别、年龄等因素的差异并未对小气候的感受评价造成明显影响。

9.5 小气候适宜性设计策略

设计师的基本目标是设计可以被使用者有效接收和感知的环境信息。风景园林环境中的单一因子，无论是小气候环境因子还是风景园林空间设计因子，均无法对空间与环境形成直接的强烈作用机制，或对人体身心感受形成显著影响。因此风景园林小气候设计势必要同时运用空间内部的景观元素和环境要素，共同发挥两者的调和作用，以达到提升空间环境质量的最终目标。

人在空间的实际使用过程中，可以通过加减衣物、增减活动强度、移动位置、便携式设备调节等方式达到改变人体舒适度的目的。其中，自主"移动位置"是设计师职责范围内可实现的影响人体舒适度的主要途径。设计师可以通过对景观元素的搭配调和，为使用者提供多类型的活动空间和小气候环境，以满足不同使用者在不同季节与天气条件下的要求。

在户外风景园林小气候环境因子中，空气温度和空气相对湿度的可调节余地较小。相较而言，太阳辐射和阵风风速因子是能可通过风景园林设计作出较大改变的小气候因子。沪杭城市地区的小气候季节适宜性总体设计应遵循"冬季为主，夏季其次，春秋为辅"的方针。四季设计的标准分别为：冬季注重减少风量，降低风速，加强太阳辐射和地表辐射值；夏季增加阵风风量与频率，减弱太阳辐射和地表辐射；春秋季利用城市气候环境，合理调节和平衡小气候环境，并适当引入避雨设施。

小气候适宜性设计策略将小气候因子的影响范围纳入风景园林空间结构，利用空间中顶面、立面和底面的地形朝向、铺装材质与色彩、构筑物、植被、水体等风景园林要素的设计调和来满足大多数使用者的小气候季节性舒适感受需求。沪杭两地风景园林空间的选址首推东南—西北向的抬升坡面，在东南方（夏季主导风源方向）布置落叶植被或水体等含水量较大的"冷源"；主体坡道应设计为东南开阔，西北狭小的立体风道；西北方（冬季主导风源方向）设置透风率为 50%~75% 的风障。为防止设计策略在季节间发生冲突，笔者在上一章中进一步将各季的小气候设计要点划分为三个等级，供规划设计师参考并选择。

9.6　本章小结

本章旨在对全文研究成果作出全面总结。研究通过对微小尺度的风景园林气候环境、使用人群生理与心理感受评价、使用者在风景园林空间内的行为活动等一系列的实测实验，推导出一套适用于沪杭中心城区典型风景园林空间小气候环境感受研究方法，并制定了相应的小气候季节适宜性设计策略。

本书创新之处在于：（1）立足环境心理学和风景园林三元论，使用层次论和三元法辩证结合的研究方法，制定了风景园林小气候环境感受评价的系统性研究框架；（2）发现并总结了沪杭典型的风景园林空间小气候环境的季节性变化规律；（3）通过大量第一手数据的分析讨论，得出人群在风景园林空间使用过程中对小气候环境的感受评价和偏好，同时运用生理等效温度指标计算出各季和全年的中性温度；（4）建立了可切实指导设计实践的高密度城市住区小气候季节适宜性设计策略，通过实验结论，提出沪杭风景园林空间的小气候适宜性设计方针，并建立起由风景园林地形与朝向、铺装材质与颜色、构筑物、植被、水体等设计元素综合作用的季节适宜性设计策略。

附录 A

居住区风景园林微气候感受问卷调查

您好！欢迎参加此次由同济大学景观学系"风景园林小气候"课题组开展的问卷调查。希望通过此次调查为您创造更好的居住环境。非常感谢您的帮助和支持！

日期：_____年_____月_____日　　时间：_____

地点：_____小区　　测点：_____　　机器编号：_____

出生年份：_____　性别：男 / 女　　原住地：_____　在沪时长：_____

身高：_____　体重：_____　行业：_____　是否愿意在此小区长期居住： 是 / 否

1. 您认为现在眼见的景色美吗？

很丑	丑	一般	美	很美
1	2	3	4	5

过去 1 小时内，您主要的活动方式是

躺/坐	站	步行	家务	体操/快步走	跑步
1	2	3	4	5	6

2. 您认为现在的气温：

冷	凉快	稍凉	刚好	稍暖	暖	热
1	2	3	4	5	6	7

您觉得现在的气温舒适吗？

很不舒适	不舒适	一般	舒适	很舒适
1	2	3	4	5

您希望气温可以：

更凉快	不变	更暖和
1	2	3

3. 您认为现在的风力是：

无风	微风	稍大	大风	狂风
1	2	3	4	5

您希望风力可以：

更弱	不变	更强
1	2	3

4. 您觉得现在的日照强度：

太弱	弱	刚好	强	太强
1	2	3	4	5

您希望现在的日照可以：

更弱	不变	更强
1	2	3

您愿意在哪种遮阳状态下活动？

无遮阳	部分遮阳	完全遮阳
1	2	3

5.　您觉得现在的空气潮湿吗？

太干	干	刚好	潮湿	太湿
1	2	3	4	5

您感觉现在气闷吗？

很闷	闷	一般	舒畅	很舒畅
1	2	3	4	5

6.　您认为现在的天气状况与本季节的其他时间相比如何

非常不好	不好	一般	好	非常好
1	2	3	4	5

如果时间允许，您愿意在这儿待多久？

现在就走	<1 小时	1-2 小时	2-3 小时	>3 小时
1	2	3	4	5

7.　考虑天气的影响因素，请为此刻您的心情评分

非常不好	不好	一般	好	非常好
1	2	3	4	5

8.今年春季，您经常在小区进行户外活动吗？

每天活动	常常活动	偶尔活动	只是回家经过
1	2	3	4

9.不同季节中，您的活动场地有区别吗？　　有　／　没有

10.本季节您在小区户外的主要活动区域是哪里？ _____

11.您选择上述区域的原因包括：
☐气候宜人　☐安全　☐就近　☐视觉美感　☐有树荫　☐能晒太阳
☐近水畔　☐视野好　☐空气质量好　☐热闹　☐安静私密　☐减压
☐父母/孩子/朋友/伴侣/宠物喜欢　☐有足够活动场地　☐其他 _____

12.您平时的户外活动方式主要包括：
☐独自锻炼 ☐集体锻炼 ☐陪伴长辈 ☐陪伴孩子 ☐友人相聚 ☐独自休闲 ☐其他_____

最后，再次衷心感谢您对我们调研活动的支持与协助！

中国气象局风力等级划分标准

风级	名称	风速（m/s）	陆地地面物象
0	无风	0.0~0.2	静烟直上
1	软风	0.3~1.5	烟示风向
2	轻风	1.6~3.3	感觉有风
3	微风	3.4~5.4	旌旗展开
4	和风	5.5~7.9	吹起尘土
5	劲风	8.0~10.7	小树摇摆
6	强风	10.8~13.8	电线有声
7	疾风	13.9~17.1	步行困难
8	大风	17.2~20.7	折毁树枝
9	烈风	20.8~24.4	小损房屋
10	狂风	24.5~28.4	拔起树木
11	暴风	28.5~32.6	损毁重大
12	飓风	32.7~36.9	摧毁极大
13	—	37.0~41.4	—
14	—	41.5~46.1	—
15	—	46.2~50.9	—
16	—	51.0~56.0	—
17	—	≥ 56.1	—

注：风速为平地离地 10m 处风速。

参考文献

[1]   Brysse, Keynyn, Oreskes, et al. Climate change prediction：Erring on the side of least drama?[J]. Global Environmental Change-human and Policy Dimensions，2013，23（1）：327-337.

[2]   Oke，T. R. Urban heat islands. In I. Douglas，D. Goode，M. Houck，& R. Wang（Eds.），The Routledge handbook of urban ecology[M]. 2010.

[3]   Jim C Y. Assessing climate-adaptation effect of extensive tropical green roofs in cities[J]. Landscape & Urban Planning，2015，138：54-70.

[4]   THE WORLD BANK 2010. World Development Report 2010：Development and Climate Change[R]. Washington DC.

[5]   IPCC（INTERGOVERNMENTAL PANEL ON CLIMATE CHANGE）2011. IPCC Special Report on Renewable Energy Sources and Climate Change Mitigation[R]. Abu Dhabi：IPCC.

[6]   R. García-Herrera，J. Díaz，R. M. Trigo，et al. A Review of the European Summer Heat Wave of 2003[J]. Critical Reviews in Environmental Science & Technology，2010，40（4）：267-306.

[7]   Energy Modeling Forum[EB/OL]. [2017-08-01]. https：//emf.stanford.edu.

[8]   IPCC（International Mental Panel on Climate Change）2001. Climate Change 2001：Synthesis Report. Contribution of Working Groups I，II and III to the Third Assessment Report of the Intergovernmental Panel on Climate Change. Geneva：IPCC.

[9]   NEWTON，P. W.（ed.）2008. Transitions：pathways towards sustainable urban development in Australia，Dordrecht，The Netherlands，Collingwood，Vic.：Springer，CSIRO Publishing.

[10]   DROEGE，P.（ed.）2010. Climate design：design and planning for the age of climate change[M]. California：Oro Editions.

[11]   SATTERTHWAITE，D. Adapting to climate change in urban areas：the possibilities and constraints in low-and middle-income nations[J]. 2007.

[12]   住房城乡建设部关于印发城市适应气候变化行动方案的通知. 发改气候〔2016〕245号. 国家发展改革委[EB/OL]. [2017-06-08]. http://www.ndrc.gov.cn/zcfb/zcfbtz/201602/t20160216_774721.html.

[13]   中国共产党第十九次全国代表大会. 共产党员网[EB/OL]. [2018-04-07]. http://www.12371.cn/special/19da/bg/.

[14]   Zacharias J，Stathopoulos T，Wu H. Spatial Behavior in San Francisco's Plazas the Effects of Microclimate，Other People，and Environmental Design[J]. Environment & Behavior，2004，36（5）：638-658.

[15]   Zacharias J，Stathopoulos T，Wu H. Microclimate and Downtown Open Space Activity[J]. Environment and

Behavior, 2001, 33（2）: 296-315.

[16] 刘加平. 城市环境物理 [M]. 北京: 中国建筑工业出版社, 2011.

[17] 柳孝图. 城市物理环境与可持续发展 [M]. 南京: 东南大学出版社, 1999.

[18] 朱新捷. 居住区公共空间设计中引入建筑物理环境评价的尝试 [J]. 上海城市规划, 2013（3）: 85-90.

[19] 王梦鸥. 礼记今注今译 [M]. 北京: 商务印书馆, 1970.

[20] 郭霭春. 黄帝内经素问白话解 [M]. 北京: 人民卫生出版社, 2004.

[21] 金招芬, 朱颖心. 建筑环境学 [M]. 北京: 中国建筑工业出版社, 2001.

[22] Brown Robert D. Microclimatic Landscape Design: Creating Thermal Comfort and Energy Efficiency [M]. International and Pa-American Copyright Conventions, Washington DC. 2010.

[23] Page J K. Application of building climatology to the problems of housing and building for human settlements[J]. Epfl, 1976, 150.

[24] 曾煜朗. 步行街道小气候舒适度与使用状况研究 [D]. 成都: 西南交通大学, 2014.

[25] 任超, 吴恩融. 城市环境气候图——可持续城市规划辅助信息系统工具 [M]. 北京: 中国建筑工业出版社, 2012.

[26] 刘滨谊. 现代景观规划设计 [M]. 南京: 东南大学出版社, 2017.

[27] 朱颖心. 建筑环境学 [M]. 北京: 中国建筑工业出版社, 2010.

[28] 宋德萱. 建筑环境控制学 [M]. 南京: 东南大学出版社, 2003.

[29] 钟阳各, 施生锦, 黄彬香. 农业小气候 [M]. 北京: 气象出版社, 2009.

[30] 林宇凡, 杨柳, 任艺梅, 等. 人体热舒适的生理热适应机理研究进展 [J]. 建筑科学, 2015, 31（4）: 148-154.

[31] Lin T P. Thermal perception, adaptation and attendance in a public square in hot and humid regions[J]. Building & Environment, 2009, 44（10）: 2017-2026.

[32] Ahmed K S. Comfort in urban spaces: defining the boundaries of outdoor thermal comfort for the tropical urban environments[J]. Energy & Buildings, 2003, 35（1）: 103-110.

[33] Nikolopoulou M, Lykoudis S. Use of outdoor spaces and microclimate in a Mediterranean urban area[J]. Building & Environment, 2007, 42（10）: 3691-3707.

[34] Eliasson I, Knez I, Westerberg U, et al. Climate and behaviour in a Nordic city[J]. Landscape & Urban Planning, 2007, 82（1-2）: 72-84.

[35] Thorsson S, Lindqvist M, Lindqvist S. Thermal bioclimatic conditions and patterns of behaviour in an urban park in Göteborg, Sweden[J]. International Journal of Biometeorology, 2004, 48（3）: 149-156.

[36] Oka M. The Influence of Urban Street Characteristics on Pedestrian Heat Comfort Levels in Philadelphia[J]. Transactions in Gis, 2011, 15（1）: 109-123.

[37] Zeng Y L, Dong L. Thermal human biometeorological conditions and subjective thermal sensation in pedestrian streets in Chengdu, China[J]. International Journal of Biometeorology, 2015, 59（1）: 99.

[38] Mayer H, Holst J, Dostal P, et al. Human thermal comfort in summer within an urban street canyon in

Central Europe[J]. Meteorologische Zeitschrift，2008，17（3）：241–250.

[39]　Holst J，Mayer H. Impacts of street design parameters on human–biometeorological variables[J]. Meteorologische Zeitschrift，2011，20（5）：541–552.

[40]　Lee H，Holst J，Mayer H. Modification of Human–Biometeorologically Significant Radiant Flux Densities by Shading as Local Method to Mitigate Heat Stress in Summer within Urban Street Canyons[J]. Advances in Meteorology，2014，2013（2013）：6647–6662.

[41]　梅敏，刘滨谊. 上海住区风景园林空间小气候感受研究方法 [A]. 国务院学位委员会风景园林学科评议组. 首届全国风景园林学科博士研究生论坛 2016.

[42]　Chen L，Ng E. Outdoor thermal comfort and outdoor activities：A review of research in the past decade[J]. Cities，2012，29（2）：118–125.

[43]　Hill L，Griffith O W，Flack M. The measurement of the rate of heat loss at body temperature by convection，radiation and evaporation[J]. Philosophical Transaction of Royal Society，1916，207：183–220.

[44]　Nikolopoulou M. The effect of climate on the use of open spaces in the urban environment：Relation to tourism[J]. Workshop on Climate Tourism & Recreation International Society of Biometeorology，2001.

[45]　李晓锋. 住区小气候数值模拟方法研究 [D]. 北京：清华大学，2003.

[46]　李晓锋，张志勤，林波荣，等. 围合式住宅小区小气候的实验研究 [J]. 清华大学学报（自然科学版），2003，43（12）：1638–1641.

[47]　林波荣，李晓锋，朱颖心. 太阳辐射下建筑外小气候的实验研究—建筑外表面温度分布及气流特征 [J]. 太阳能学报，2001，22（3）：327–333.

[48]　刘世文，杨柳，张璞，等. 西宁住宅小区冬季小气候测试研究 [J]. 建筑科学，2013，29（8）：64–69.

[49]　翟炳哲，林波荣，毛其智，等. 郑州小区形态与小气候的实验研究 [J]. 动感：生态城市与绿色建筑，2014（3）：119–124.

[50]　Brown R D，Gillespie T J. Microclimatic Landscape Design：Creating Thermal Comfort and Energy Efficiency[M]. New Jersey，U.S.A.：John Wiley and Sons Ltd，1995.

[51]　Ghiaus，C.，et al. "Urban Environment Influence on Natural Ventilation Potential." [J]. Building and Environment，2006，41（4）：395–406.

[52]　Takebayashi，Hideki，M. Moriyama，and K. Miyake. "Analysis on the Relationship between Properties of Urban Block and Wind Path in the Street Canyon for the Use of the Wind as the Climate Resources." [J]. Journal of Environmental Engineering，2009，74（635）：77–82.

[53]　Ghiaus，C.，et al. "Urban Environment Influence on Natural Ventilation Potential." [J]. Building and Environment，2006，41（4）：395–406.

[54]　Allegrini J，Dorer V，Carmeliet J. Influence of the urban microclimate in street canyons on the energy demand for space cooling and heating of buildings[J]. Energy & Buildings，2012，55（6）：823–832.

[55]　Ji L，Tan H，Kato S，et al. Wind tunnel investigation on influence of fluctuating wind direction on cross

natural ventilation[J]. Building & Environment，2011，46（12）：2490–2499.

[56] Oh B，Ooka R，Katsuki T. Influence of building block configuration on urban ventilation efficiency by CFD analysis[J]. Seisan Kenkyu，2010，62：62–68.

[57] Syrios K，Hunt G R. Urban Canyon Influence on Building Natural Ventilation[J]. New Journal of Chemistry，2007，37（37）：1408–1416.

[58] Hooff T V，Blocken B. On the effect of wind direction and urban surroundings on natural ventilation of a large semi–enclosed stadium[J]. Computers & Fluids，2010，39（7）：1146–1155.

[59] 陈宏，谢俊民，大冈龙三. 室外热环境模拟方法在居住区设计中的应用 [J]. 动感：生态城市与绿色建筑，2010（1）：110–113.

[60] 岳文泽，徐丽华. 城市典型水域景观的热环境效应 [J]. 生态学报，2013，33（6）：1852–1859.

[61] 纪鹏，朱春阳，高玉福，等. 河流廊道绿带宽度对温湿效益的影响 [J]. 中国园林，2012，28（5）：109–112.

[62] 林波荣. 绿化对室外热环境影响的研究 [D]. 北京：清华大学，2004.

[63] 陈卓伦. 绿化体系对湿热地区建筑组团室外热环境影响研究 [D]. 广州：华南理工大学，2010.

[64] 朱学南，应求是，冯有林，等. 常绿与落叶行道树冬季环境效应比较 [J]. 浙江农林大学学报，2002，19（4）：399–402.

[65] 高玉福，李树华，纪鹏. 城市带状绿地内部环境类型与温湿效益的关系 [J]. 中国园林，2013（10）：81–85.

[66] 胡永红，王丽勉，秦俊，等. 不同群落结构的绿地对夏季小气候的改善效果 [J]. 安徽农业科学，2006，34（2）：235–237.

[67] 朱春阳，李树华，纪鹏，等. 城市带状绿地宽度与温湿效益的关系 [J]. 生态学报，2011，31（2）：383–394.

[68] 文继卿. 室内热小气候与人体热舒适 [J]. 甘肃科学学报，1996（3）：89–92.

[69] 巴赫基. 房间的热小气候 [M]. 北京：中国建筑工业出版社，1987.

[70] 梅欹，刘滨谊. 风景园林小气候舒适度评价理论和方法研究 [A]. 中国风景园林学会. 中国风景园林学会 2015 年会论文集. 中国风景园林学会，2015，10：246–250.

[71] Fountain M，Huizenga C. A thermal sensation model for use by the engineeringprofession：results of cooperative research between the AmericanSociety of Heating，Refrigeration，and Air–Conditioning Engineers，Inc. and Environmental Analytics[R]. [Final report]；1995. 1–55.

[72] Fanger PO. Thermal comfort：analysis and applications in environmental engineering[J]. New York：Mcgraw–HillInc；1970.

[73] Höppe P，Mayer H. PlanungsrelevanteBewertung der thermischenKomponentedes Stadtklimas[J]. LandschStadt 1987；19：22–9.

[74] COST Action 730[EB/OL]. [2017–05–07]. http：//www.utci.org/utci_doku.php.

[75] Yaglou C. P，Minard D. Control of heat casualties at military training centers[J]. American Medical Association Archives of Industrial Health，1957，16：302–316.

[76] Dear R D, Pickup J. "An Outdoor Thermal Comfort Index（OUT_SET*）–Part II–Applications" [M] // Biometeorology and Urban Climatology at the Turn of the Millennium. WCASP 50：WMO/TD No.1026., 2000.

[77] Steadman R G. The assessment of sultriness. Part 1：A temperature–humidity index hased on human physiology and clothing sience[J] Journal of Applied Meteorlogy，1979，18：861–873.

[78] Nikolopoulou M. Designing open spaces in the urban environment：a bioclimaticapproach. Centre Renewable Energy Sources（C.R.E.S）; 2004. pp. 1–56.

[79] McArdle B，Dunha W，Holling H E，et al. The prediction of the physiological effects of warm and hot Environments[R] // Renewable Northwest Project Report. 47/391. London：Medical Resource Council, 1947.

[80] Thom EC. The discomfort index[J]. Weatherwise 1959；12：57–60.

[81] Giles BD，Balafoutis C，Maheras P. Too hot for comfort：the heatwaves inGreece in 1987 and 1988[J]. Int J Biometeorol 1990；34：98–104.

[82] Givoni B，Noguchi M. Outdoor comfort responses of Japanese persons[J]. In：Proceedings of conference on passive and low energy architecture；2004.p. 19–22.

[83] 夏廉博. 人类生物气象学 [M]. 北京：气象出版社，1986.

[84] Masterson J，Richardson FA. Humidex，a method of quantifying humandiscomfort due to excessive heat and humidity[J]. Downsview，Ontario：EnvironmentCanada；1979.

[85] Rothfusz I.P. The heat index equation [S] // NWS Southern Region Technical Attachment（SR90–23）[J]. Fort Worth，Texas：Scientific Services Divisioni NWS Souther Region Headquarters，1990.

[86] OFCM. Report on Wind Chill Temperature and Extreme Heat Index：Evaluation and Improvement Projects [R]. Washington DC：U.S. Department of Commerce/National Oceanic and Atmospheric Administration； Office of the Federal Coordinator for Meteorological Services and Supporting Research，2003.

[87] Bła_zejczyk K. New climatological–and–physiological model of the humanheat balance outdoor（MENEX） and its applications in bioclimatologicalstudies in different scales[J]. In：Bła_zejczyk K，Krawczyk B, editors. Bioclimatic research of the human heat balance；1994. 27–58.

[88] Aroztegui JM. Indice de Temperatura Neutra Exterior[J]. In：Encontro Nacional Sobre Conforto No Ambiente Construído（Encac）；1995：3.

[89] 陆鼎煌，崔森，李重和. 北京城市绿化夏季小气候条件对人体的适宜度 [C]. 林业气象论文集. 北京： 气象出版社，1984：144–152.

[90] 王远飞，沈愈. 上海市夏季温湿效应与人体舒适度 [J]. 华东师范大学学报：自然科学版，1998，（3）： 60–66.

[91] 杨成芳. 山东省旅游气候舒适度研究 [D]. 青岛：中国海洋大学，2004.

[92] 马丽君，孙根年，李馥丽，等. 陕西省旅游气候舒适度评价 [J]. 资源科学，2007，29（6）：40–44.

[93] 王华芳. 山西省旅游气候舒适度分析与评价研究 [D]. 太原：山西大学，2007.

[94] 钱妙芬，叶梅. 旅游气候宜人度评价方法研究 [J]. 成都气象学院学报，1996，3：35–41.

[95] 李万珍，谭传凤．人体的气候适宜度研究 [J]．华中师范大学学报（自然科学版），1994，2：255-259．

[96] 吕伟林．体感温度及其计算方法 [J]．北京气象，1998，1：23-25．

[97] 冯定原．农业气象预报和情报方法 [M]．北京：气象出版社，1988．

[98] 谈建国，邵德民，马雷鸣，等．人体热量平衡模型及其在人体舒适度预报中的应用 [J]．南京气象学院学报，2001，24（3）：384-390．

[99] 郑有飞，余永江，谈建国，吴荣军，许遐祯．气象参数对人体舒适度的影响研究 [J]．气象技术，2007，6：827-831．

[100] ASHRAE. ASHRAE Handbook Fundamentals[M]. Atlanta，GA：ASHRAE，2005：8.1-8.12．

[101] Bergner B，Exner J，Memmel M，et al. Human Sensory Assessment Methods in Urban Planning-A Case Study in Alexandria[C] // Real Corp. 2013：407-417.

[102] Chen Z，He Y，Yu Y. Natural Environment Promotes Deeper Brain Functional Connectivity than Built Environment[J]. Bmc Neuroscience，2015，16（Suppl 1）：294.

[103] Valtchanov D，Ellard C G. Cognitive and Affective Responses to Natural Scenes：Effects of Low LevelVisual Properties on Preference，Cognitive Load and Eye-movements[J]. Journal of Environmental Psychology，2015，in Press（43）：184-195.

[104] 陈筝，翟雪倩，叶诗韵，等．恢复性自然环境对城市居民心智健康影响的荟萃分析及规划启示 [J]．国际城市规划，2016，31（4）：16-26．

[105] 刘蔚巍，连之伟，邓启红，等．人体热舒适客观评价指标 [J]．中南大学学报（自然科学版），2011，42（2）：521-526．

[106] Zeile P，Exner J P，Streich B. Human as sensors? The measurement of physiological data in city areas and the potential benefit for urban planning[C] // Cupum. 2009.

[107] Fanger P O. Thermal comfort[M]. New York：McGraw-Hill Book Company，1972.

[108] Zeile P，Exner J P，Streich B. Human as sensors? The measurement of physiological data in city areas and the potential benefit for urban planning[C] // Cupum. 2009.

[109] Bulcao C F，Frank S M，Raja S N，et al. Relative contribution of core and skin temperatures to thermal comfort in humans[J]. Journal of Thermal Biology，2000，25（1/2）：147-150.

[110] Ramanathan N L. A NEW WEIGHTING SYSTEM FOR MEAN SURFACE TEMPERATURE OF THE HUMAN BODY[J]. Journal of Applied Physiology，1964，19（19）：531.

[111] 余娟．不同室内热经历下人体生理热适应对热反应的影响研究 [D]．上海：东华大学，2011．

[112] EXNER，J.-P.，BERGNERr，B.，ZEILE，P. und BROSCHART，D.：Humansensorik in der räumlichen Planung，in：Strobl，J.；Blaschke，T.；Griesebner，G.（Hrsg.）：Angewandte Geoinformatik 2011，p[C]. 690-699，Berlin-Salzburg 2012.

[113] Metje N，Sterling M，Baker C J. Pedestrian comfort using clothing values and body temperatures[J]. Journal of Wind Engineering & Industrial Aerodynamics，2008，96（4）：412-435.

[114] Wang D，Zhang H，Arens E，et al. Observations of upper-extremity skin temperature and corresponding

overall-body thermal sensations and comfort[J]. Building & Environment，2007，42（12）：3933-3943.

[115] 曾玲玲 . 基于体表温度的室内热环境响应实验研究 [D]. 重庆：重庆大学，2008.

[116] 叶晓江 . 人体热舒适机理及应用 [D]. 上海：上海交通大学，2005.

[117] Huizenga C，Zhang H，Arens E，et al. Skin and core temperature response to partial-and whole-body heating and cooling[J]. Journal of Thermal Biology，2004，29（7-8）：549-558.

[118] Lan L，Lian Z W，Liu W W，et al. Investigation of gender difference in thermal comfort for Chinese people[J]. European Journal of Applied Physiology，2008，102（4）：471-480.

[119] Mohr E，Langbein J，Nurnberg G. Heart rate variability a noninvasive approach to measure stress in calves and cows[J]. Physiology & Behavior，2002，75（1/2）：251-259.

[120] Liu W W，Lian Z W，Liu Y M. Human heart rate variability at different thermal comfort levels[J]. European Journal of Applied Physiology，2008，103（3）：361-366.

[121] 吕志忠 . 湿热环境中军人劳动耐受时限的研究 [J]. 中华劳动卫生职业病杂志，2000，18（6）：336-338.

[122] 虞学军，贾司光，陈景山 . 复合因素作用下人体功能状态的评价 [J]. 航天医学与医学工程，1991，4（3）；185-191.

[123] 冷寒冰，胡永红，周鑫，等 . 室外植物对人体舒适度及环境满意率的影响 [J]. 中南大学学报（自然科学版），2012，（11）：4574-4580.

[124] YE Xiao-jiang. Study on mechanism and application of thermal comfort[D]. Shanghai：Shanghai Jiaotong University. School of Mechanical Engineering，2005：96.

[125] 伍国锋，张文渊 . 脑电波产生的神经生理机制 [J]. 临床脑电学杂志，2000，9（3）：188-190.

[126] Kanosue K，Sadato N，Okada T，et al. Brain activation during whole body cooling in humans studied with functional magnetic resonance imaging[J]. Neurosci Lett，2002，329（2）：157-160.

[127] 刘红 . 重庆地区建筑室内动态环境热舒适研究 [D]. 重庆：重庆大学，2009.

[128] Ye Y，Lian Z，Liu W，et al. Experimental study on physiological responses and thermal comfort under various ambient temperatures[J]. Physiology & Behavior，2008，93（1-2）：310.

[129] 刘洋，陈庆官 . 脑电及在人体感觉评价中的应用 [J]. 苏州大学学报：工科版，2004，24（2）：55-57.

[130] 李世明 . 肌电测量技术的应用 [J]. 中国临床康复，2006，10（41）：149-151.

[131] 邱曼，武建民，常绍勇，等 . 不同环境温度条件下不同活动强度人体出汗调节机制的探讨 [J]. 中国应用生理学杂志，2005，21（1）：90-94.

[132] 刘滨谊 . 风景园林主观感受的客观表出——风景园林视觉感受量化评价的客观信息转译原理 [J]. 中国园林，2015，（07）：6-9.

[133] Shafer E L，Hamilton J F，Schmidt E A. Natural Landscape Preferences：A Predictive model[J]. J Leisure Res，1969.

[134] Kaplan R. Some Methods and Strategies in the Prediction of Preference[M] // Zube E H，Brush R O，Fabos J R. Landscape Assessment：Values，Perceptions and Resources. Stroudsberg，Pennsylvania；Dowden，

Hutchinson and Ross，Inc. 1975：118–29.

[135] Miller P A. Visual Preference and Implicatioons for Coastal Management：A Perceptual Study of the British Columbia Shoreline[D]. Ann Arbor，Michigan；University of Michigan，1984.

[136] Capaldi C A，Dopko R L，Zelenski J M. The Relationship Between Nature Connectedness and Happiness：A Meta–analysis[J]. Frontiers in Psychology，2014，5（3）：976–976.

[137] Wang Y，Groot R D，Bakker F，et al. Thermal comfort in urban green spaces：a survey on a Dutch university campus[J]. International Journal of Biometeorology，2017，61（1）：1–15.

[138] Nikolopoulou，Marialena，Koen Steemers. Thermal Comfort and Psychological Adaptation as a Guide for Designing Urban Spaces [J]. Energy & Buildings 35.1. 2003：95–101.

[139] Gagge，A. P.，Fobelets，A. P.，& Berglund，L. G. A standard predictive index of human response to the thermal environment[J]. ASHRAE Transactions，92（2B），1986：709–731.

[140] Humphrey C S，Dykes J R，Johnston D. Effects of truncal，selective，and highly selective vagotomy on glucose tolerance and insulin secretion in patients with duodenal ulcer. Part I–Effect of vagotomy on response to oral glucose[J]. Br Med J，1975，2（5963）：112.

[141] Auliciems A. Psycho–physiological criteria for global thermal zones of building design[J]. International Journal of Biometeorology，1983，26：69–86.

[142] Eliasson，Ingegärd，et al. Climate and Behaviour in a Nordic City [J]. Landscape and Urban Planning 82.1 2007：72–84.

[143] Hensel H. Thermophysiology. Book Reviews：Thermoreception and Temperature Regulation [J]. Science，1982，215（4536）：1089–1090.

[144] Cabanac M. Physiological role of pleasure[J]. Science，1971，173（4002）：1103.

[145] Ebbecke，U. Die lokale vasomotorische Reaktion（L.V.R.）der Haut und der inneren Organe [J]. Pflügers Archiv Für Die Gesamte Physiologie Des Menschen Und Der Tiere 169.1–4（1917）：1–81.

[146] Fanger，P. O. Thermal comfort. Analysis and application in environment engineering[M]. New York：McGraw Hill Book Company. 1982.

[147] Ebbecke U. Über die Temperaturempfindungen in ihrer Abhängigkeit von der Hautdurchblutung und von den Reflexzentren[J]. Pflügers Archiv Für Die Gesamte Physiologie Des Menschen Und Der Tiere，1917，169（5–9）：395–462.

[148] Stathopoulos T，Wu H，Zacharias J. Outdoor human comfort in an urban climate[J]. Building & Environment，2004，39（3）：297–305.

[149] Knez I，Thorsson S，Eliasson I，et al. Psychological mechanisms in outdoor place and weather assessment：towards a conceptual model[J]. International Journal of Biometeorology，2009，53（1）：101–111.

[150] 埃维特·埃雷尔，戴维·珀尔穆特，特里·威廉森. 城市小气候：建筑之间的空间设计 [M]. 叶齐茂，倪晓晖，译. 北京：中国建筑工业出版社，2014：115–127.

[151] Auliciems A. Human Adaptation within a Paradigm of Climatic Determinism and Change[J]. Biometeorology，

2009（1）：235-267.

[152] Soothill，J. F，Humphrey，et al. Immunoglobulin Standards [J]. Lancet，1975，305（7897）：39-40.

[153] Johansson E，Thorsson S，Emmanuel R，et al. Instruments and methods in outdoor thermal comfort studies-The need for standardization[J]. Urban Climate，2014，10（19）：346-366.

[154] ISO 10551，Ergonomics of the Thermal Environment-Assessment of the Influence of the Thermal Environment Using. Subjective Judgement Scales[J]. International Organization for Standardization，Geneva. 1995.

[155] Oliveira S，Andrade H. An initial assessment of the bioclimatic comfort in an outdoor public space in Lisbon[J]. International Journal of Biometeorology，2007，52（1）：69-84.

[156] Ng E，Cheng V. Urban human thermal comfort in hot and humid Hong Kong[J]. Energy & Buildings，2012，55（10）：51-65.

[157] 扬·盖尔，交往与空间 [M]. 何人可，译. 中国建筑工业出版社，2002.

[158] 王锦堂. 建筑环境控制学 [M]. 台北：台隆书店，1983.

[159] 顾朝林，宋国臣. 北京城市意象空间调查与分析 [J]. 规划师，2001，2：25-28，83.

[160] 胡正凡. 环境心理学与环境—行为研究 [J]. 世界建筑，1983，3：61-66.

[161] 林玉莲. 东湖风景区认知地图研究 [J]. 新建筑，1995，1：34-36

[162] 徐磊青. 城市开敞空间中使用者活动与拥挤的研究——以上海城市中心区广场与步行街为例 [J]. 新建筑，2005，3：75-78.

[163] 柴彦威，沈洁. 基于活动分析法的人类空间行为研究 [J]. 地理科学，2008，5：594-600.

[164] 柏春，方圆，莫天伟. 小气候对人的环境行为影响研究——以上海淮海公园前广场为例 [J]. 新建筑，2006，1：78-81.

[165] 王吉勇，冷红. 基于小气候和环境行为学的历史广场复兴设计——以哈尔滨索非亚广场为例 [A]. 中国城市规划学会. 城市规划和科学发展——2009 中国城市规划年会论文集 [C]. 中国城市规划学会. 2009：9.

[166] Eliasson，Ingegärd，et al. "Climate and Behaviour in a Nordic City." Landscape and Urban Planning 82.1（2007）：72-84.

[167] Zacharias J，Stathopoulos T，Wu H. Microclimate and downtown open space activity [J]. Environment and Behavior，2001，33（2）：296-315.

[168] OKE，T.R. Boundary Layer Climates[M]. 2 ed. London：Routledge，1987.

[169] 埃维特·埃雷尔，戴维·珀尔穆特，特里·威廉森. 城市小气候——建筑之间的空间设计 [M]. 叶齐茂，倪晓晖，译. 北京：中国建筑工业出版社，2014：171-186.

[170] 李雪铭，冀保程. 社区人居环境满意度研究——以大连市为例 [J]. 城市问题，2008（1）：58-63.

[171] 刘加平，钟珂，赵敬源. 城市物理环境 [M]. 北京：中国建筑工业出版社，2011.

[172] 万科企业股份有限公司. 2013：万科全龄社区养老地产模型研究分析报告 [EB/OL]. [2018-03-04]. http：//www.doc88.com/p-9955961883788.html.

[173] 王浩，傅抱璞. 水体的温度效应 [J]. 气象科学. 1991（3）：233-243.

[174] 刘武，裴登峰 . 费希纳的心理物理学与现代定量心理学的测量方法论评述 [J]. 东北大学学报（社会科学版），2004，6（3）：168-171.

[175] Bell P A，Fisher J D，Baum A，etal. Environmental psychology（5th Ed）[M]. Harcourt College Publishing. Philadelphia，2001.

[176] 俞国良 . 应用心理学书系环境心理学 [M]. 北京：人民教育出版社，2000.

[177] Steg L，Berg A E V D，De Groot J I M. Environmental psychology：an introduction[M]. BPS Blackwell，2012.

[178] 伍麟，郭金山 . 国外环境心理学研究的新进展 [J]. 心理科学进展，2002，10（4）：466-471.

[179] 徐磊青 . 环境心理学：环境、知觉和行为 [M]. 上海：同济大学出版社，2002.

[180] 马铁丁 . 环境心理学与心理环境 80 学 [M]. 北京：国防工业出版社，1996.

[181] Kidner D W. Why Psychology Is Mute about the Environmental Crisis[J]. Nature Environment & Pollution Technology，1994，13（2）：333-338.

[182] У·扎布罗丁，袁惠松 . 心理物理学及其方法论 [J]. 国外社会科学，1985，8：61-63.

[183] Zube E H，Sell J L，Taylor J G. Landscape Perception：research，application and theory[J]. Landscape Planning. 1982. 9（1）：1~33.

[184] 刘滨谊 . 风景景观工程体系化 [J]. 建筑学报，1990（8）：48-54.

[185] 刘滨谊 . 人类聚居环境学引论 [J]. 城市规划学刊，1996（4）：5-11

[186] 吴建平，訾非，李明 . 环境与人类心理：首届中国环境与生态心理学大会论文集 [M]. 北京：中央编译出版社，2011.

[187] 唐孝威 . 论外部的心理物理学和内部的心理物理学 [J]. 应用心理学，2003，9（1）：54-56.

[188] Borg G，Diarnant H，Strom L，et al. The relation between neural and perceptual intensity：A comparative study on the neural and psychophysical response to taste stimuli T[J]. Physiology，1967，192-204.

[189] 史津 . 环境与心理结合的探索——评介《环境心理学：人及其物质环境》[J]. 新建筑，1993，3：62-64.

[190] Fechner G T. Elements of psychophysics[M]. New York：Holt，Rinehar t and Winston，1966：1860.

[191] Ward L M. Mind in psychophysics. In：Algom D，ed. Psychophysical approaches to Cognition[J]. North-Holland：Elsevier Science Publishers，1992：187-249.

[192] Dersimonian R，Nan L. Meta-analysis in Clinical Trials[J]. Controlled Clinical Trials，1986，7（3）：177-188.

[193] 吴良镛 . 人居环境科学导论 [M]. 北京：中国建筑工业出版社，2001.

[194] 刘滨谊 . 三元论—人类聚居环境学的哲学基础 [J]. 规划师，1999，（2）：81-84，124.

[195] 刘滨谊 . 风景园林三元论 [J]. 中国园林，2013，29（11）：37-45.

[196] 刘滨谊，鲍鲁泉 . 城市高密度公共性景观 [J]. 时代建筑，2002（1）：6-9.

[197] Lai D，Guo D，Hou Y，et al. Studies of outdoor thermal comfort in northern China[J]. Building & Environment，2014，77（3）：110-118.

[198] Leek M R. Adaptive procedures in psychophysical research[J]. Perception & Psychophysics，2001，63（8）：

1279–1292.

[199] Mauss I B, Robinson M D. Measures of Emotion: A Review[J]. Cognition & Emotion, 2009, 23（2）: 209–237.

[200] Dersimonian R, Nan L. Meta-analysis in Clinical Trials[J]. Controlled Clinical Trials, 1986, 7（3）: 177–188.

[201] 世界卫生组织建议的身体活动量 [EB/OL]. [2017–04–16]. http://www.who.int/mediacentre/factsheets/fs385/zh.

[202] Nikolopoulou M, Baker N, Steemers K. Thermal comfort in outdoor urban spaces: understanding the human parameter[J]. Solar Energy, 2001, 70（3）: 227–235.

[203] Matzarakis A, Mayer H. Heat stress in Greece[J]. Int. J. Biometeorol, 1997, 41（1）: 34–39.

[204] Matzarakis, A., Rutz, F., Mayer, H., 2010: Modelling Radiation fluxes in simple and complex environments, Basics of the RayMan model[J]. International Journal of Biometeorology 54, 131–139.

[205] Peter Höppe. The physiological equivalent temperature—a univer-sal index for the biometeorological assessment of the thermal environment[J]. Int. J. Biometeorol, 1999, 43（2）: 71–75.

[206] Kántor N, Unger J. Benefits and opportunities of adopting GIS in thermal comfort studies in resting places: An urban park as an example[J]. Landscape & Urban Planning, 2010, 98（1）: 36–46.

[207] Oliveira S, Andrade H. An initial assessment of the bioclimatic comfort in an outdoor public space in Lisbon[J]. International Journal of Biometeorology, 2007, 52（1）: 69.

[208] Lee H, Mayer H, Schindler D. Importance of 3-D radiant flux densities for outdoor human thermal comfort on clear-sky summer days in Freiburg, Southwest Germany[J]. Meteorologische Zeitschrift, 2014, 23（3）: 315–330.

[209] Yi Mei, Bin-yi Liu. Analysis on Microclimate Perception in Residential Landscape Space in Winter. Council of Educators in Landscape Architecture Conference Proceedings [C]. Council of Educators in Landscape Architecture（CELA）, 2017, 05: 241.

[210] Li K, Zhang Y, Zhao L. Outdoor thermal comfort and activities in the urban residential community in a humid subtropical area of China[J]. Energy & Buildings, 2016, 133: 498–511.

[211] Salata F, Golasi I, Vollaro R D L, et al. Outdoor thermal comfort in the Mediterranean area. A transversal study in Rome, Italy[J]. Building & Environment, 2016, 96: 46–61.

[212] Chen L, Wen Y, Zhang L, et al. Studies of thermal comfort and space use in an urban park square in cool and cold seasons in Shanghai[J]. Building & Environment, 2015, 94: 644–653.

[213] Silva F T D, Alvarez C E D. An integrated approach for ventilation's assessment on outdoor thermal comfort[J]. Building & Environment, 2015, 87: 59–71.

[214] Lai D, Guo D, Hou Y, et al. Studies of outdoor thermal comfort in northern China[J]. Building & Environment, 2014, 77（3）: 110–118.

[215] Yahia M W, Johansson E. Evaluating the behaviour of different thermal indices by investigating various outdoor urban environments in the hot dry city of Damascus, Syria[J]. International Journal of

Biometeorology，2013，57（4）：615–630.

[216] Cohen P，Potchter O，Matzarakis A. Human thermal perception of Coastal Mediterranean outdoor urban environments[J]. Applied Geography，2013，37（1913）：1–10.

[217] Lin T P，Tsai K T，Liao C C，et al. Effects of thermal comfort and adaptation on park attendance regarding different shading levels and activity types[J]. Building & Environment，2013，59（3）：599–611.

[218] Cheng V，Ng E，Chan C，et al. Outdoor thermal comfort study in a sub–tropical climate：a longitudinal study based in Hong Kong[J]. International Journal of Biometeorology，2012，56（1）：43–56.

[219] Kántor N，Egerházi L，Unger J. Subjective estimation of thermal environment in recreational urban spaces—part 1：investigations in Szeged，Hungary[J]. International Journal of Biometeorology，2012，56（6）：1075–1088.

[220] Mahmoud A H A. Analysis of the microclimatic and human comfort conditions in an urban park in hot and arid regions[J]. Building & Environment，2011，46（12）：2641–2656.

[221] Lin T P. Thermal perception，adaptation and attendance in a public square in hot and humid regions[J]. Building & Environment，2009，44（10）：2017–2026.

[222] Spagnolo，Jennifer，and Richard de Dear. "A Field Study of Thermal Comfort in Outdoor and Semi–Outdoor Environments in Subtropical Sydney Australia." Building and Environment 38.5.（2003）：721–38.

[223] Fanger P O. Thermal Comfort. Analysis and Application in Environment Engineering [M]. 244 pp. DANISH TECHNICAL PRESS. Copenhagen，Denmark，1970. Danish Kr. 76，50.

[224] 范存养. 热舒适评价指标 PMV 及其实际应用 [J]. 暖通空调，1993，（3）：20–26.

[225] Höppe，P. The physiological equivalent temperature–A universal index for the biometeorological assessment of the thermal environment[J]. International Journal of Biometeorology，1999，43：71–75.

[226] Mcintyre，Indoor Climate，London：Applied Science Publisher[J]. 1980.

[227] Subway Environmental Design Handbook（Volume 1），United States Department of Transportation[M]. 1976.

[228] ASHRAE. ASHRAE Handbook Fundamentals[M]. Atlanta，GA：ASHRAE，2005：8.1–8.12.

[229] Andris Auliciems and Steven V. Szokolay. PLEA Note3：Thermal Comfort[M]. Department of Architecture，The University of Queensland. 2007.

[230] Parsons K C. Human Thermal Environments：The Effects of Hot，Moderate and Cold Environments on Human Health，Comfort and Performance[M]. London：Taylor and Francis，2003.

[231] Kumar M，Weippert M，Vilbrandt R，et al. Fuzzy Evaluation of Heart Rate Signals for Mental Stress Assessment[J]. IEEE Transactions on Fuzzy Systems，2007，15（5）：791–808.

[232] 谢燕，虞芬，刘丽敏，等. 正常人体的心率变异性 RRI 频谱密度分析 [J]. 中国运动医学杂志，2003，22（4）：415–417.

[233] Lu YD，Huo ZH. Special environmental physiology[M]. Beijing：Military Medicine Science Press. 2003.

[234] Schnell I，Potchter O，Yaakov Y，et al. Human exposure to environmental health concern by types of

urban environment：The case of Tel Aviv[J]. Environmental Pollution，2016，208（Pt A）：58.

[235] 潘黎. 基于人体生理参数的清醒和睡眠状态的热舒适研究 [D]. 上海：上海交通大学，2012.

[236] Hansen A L，Johnsen B H，Thayer J F. Vagal influence on working memory and attention[J]. International Journal of Psychophysiology Official Journal of the International Organization of Psychophysiology，2003，48（3）：263–274.

[237] Wang Z L，Yang L，Ding J S. Application of heart rate variability in evaluation of mental workload[J]. Chinese Journal of Industrial Hygiene & Occupational Diseases，2005，23（23）：182–184.

[238] Costa F，Lavin P，Robertson D，et al. Effect of neurovestibular stimulation on autonomic regulation[J]. Clinical Autonomic Research，1995，5（5）：289–293.

[239] 上海历史天气. 2345 天气预报网 [EB/OL]. [2017–03–14]. http：//tianqi.2345.com/wea_history/58362. htm.

[240] Bergner B，Exner J，Memmel M，et al. Human Sensory Assessment Methods in Urban Planning–a Case Study in Alexandria[C]// Real Corp. 2013：407–417.

[241] 金英姿. 热环境下温度动态化的必要性及其可接受性研究 [D]. 武汉：华中科技大学，2003.

[242] 黄建华，张惠. 人与热环境 [M]. 北京：科学出版社，2011.

[243] Mayer H，Höppe P. Thermal comfort of man in different urban environments[J]. Theoretical & Applied Climatology，1987，38（1）：43–49.

[244] Parsons，K. C. Human thermal environments：The effects of hot，moderate，and cold environments on human health，comfort and performance（xxiv）London；New York：Taylor & Francis. 2003.

[245] Brown，Robert D. Design with Microclimate：The Secret to Comfortable Outdoor Space[J]. Landscape Architecture Magazine，2010，101（4）：132–132.

[246] Vanos J K，Warland J S，Gillespie T J，et al. Review of the physiology of human thermal comfort while exercising in urban landscapes and implications for bioclimatic design[J]. International Journal of Biometeorology，2010，54（4）：319–334.

[247] ASHRAE Thermal comfort. ASHRAE handbook：fundamentals. American Society of Heating，Refrigerating and Air–Conditioning Engineers，Atlanta. 2001.

[248] Jin XJ，Zhou DB，Li DL. Physiology. Military Medicine Science Press，Beijing. 1999.

[249] Iwase S，Ikeda T，Kitazawa H，et al. Altered response in cutaneous sympathetic outflow to mental and thermal stimuli in primary palmoplantar hyperhidrosis[J]. Journal of the Autonomic Nervous System，1997，64（2–3）：65–73.

[250] Lu GW. Medical neurobiology[M]. Beijing：Higher Education Press，2000.

[251] Sawasaki N，Iwase S，Mano T. Effect of skin sympathetic response to local or systemic cold exposure on thermoregulatory functions in humans[J]. Autonomic Neuroscience，2001，87（2–3）：274.

[252] 刘梅，于波，姚克敏. 人体舒适度研究现状及其开发应用前景 [J]. 气象科技. 2002（1）：11–14.

[253] 赵荣义. 关于"热舒适"的讨论 [J]. 暖通空调，2000，30（3）：25–26.

[254] 李文杰，刘红，许孟楠. 热环境与热健康的分类探讨 [J]. 制冷与空调（四川），2009，23（2）：

17–20.

[255] 李百战. 基于生理—心理学的热舒适和热健康探讨 [A]. 四川省制冷学会、西南交通大学.2005 西南地区暖通空调热能动力年会论文集 [C]. 四川省制冷学会、西南交通大学:《制冷与空调》编辑部,2005：4.

[256] 上海第一医学院. 人体生理学 [M]. 北京：人民卫生出版社,1976.

[257] 陈宝骥. 热环境中人体的生理调节 [J]. 军队卫生杂志,1985（2）.

[258] Dear R, Brager G S. Thermal comfort in naturally ventilated buildings : revisions to ASHRAE Standard 55[J]. Energy and Buildings, 2002, 34：549–561.

[259] Richara J, et al. Developing and Adaptive model of Thermal Comfort and Preference[J]. ASHREA Trans, 1998, 104（1）：98.

[260] 余娟. 不同室内热经历下人体生理热适应对热反应的影响研究 [D]. 上海：东华大学,2012.

[261] 余娟,朱颖心,欧阳沁,等. 基于生理指标评价人体热舒适、工作效率和长期健康的研究路线探讨 [J]. 暖通空调,2010, 40（3）：1–5.

[262] 许红波,端木琳,金权,等. 瞬变环境中人体热舒适的研究 [J]. 人类工效学,2012, 4：82–87.

[263] 端木琳,于连广,舒海文. 大连夏季凉亭下热环境特征与人体热反应研究 [J]. 建筑热能通风空调,2004（6）：8–12, 44.

[264] 陈筝,Sebastian Schulz,吴杭彬,等. 面向城市设计的环境实景感知实证研究 [J]. 南方建筑,2016,（4）：10–14.

[265] 陈筝,翟雪倩,叶诗韵,等. 恢复性自然环境对城市居民心智健康影响的荟萃分析及规划启示 [J]. 国际城市规划,2016,（4）：16–26, 43.

[266] Matzarakis, A., Rutz, F., Mayer, H., 2010 : Modelling Radiation fluxes in simple and complex environments, Basics of the RayMan model[J]. International Journal of Biometeorology 54, 131–139.

[267] Matzarakis, A., Rutz, F., Mayer, H., 2007 : Modelling radiation fluxes in simple and complex environments–application of the RayMan model[J]. International Journal of Biometeorology 51, 323–334.

[268] KREIBIG, S. D. : Autonomic nervous system activity in emotion : A review[J]. Biological Psychology, 2010, 84（3）：394–421.

[269] 李丽,陈绕超,孙甲朋,等. 广州大学校园夏季室外热环境测试与分析 [J]. 广州大学学报（自然科学版）.2015（2）：48–54.

[270] Lenzholzer. S, Koh. J. Immersed in microclimatic space : Microclimate experience and perception of spatial configurations in Dutch squares[J]. Landscape and Urban Planning. 2010, 95（1–2）：1–15.

[271] 吴杰,Jan A. Kors,Peter R. Rijnbeek,陆再英,等. 中国健康人群正常心率范围的调查 [J]. 中华心血管病杂志,2001, 29（6）：369–371.

[272] 康诚祖. 严寒地区冬季人体热适应实验研究 [D]. 哈尔滨：哈尔滨工业大学,2014.

[273] 郭继红,张萍. 动态心电图学 [M]. 北京：人民卫生出版社,2003.

[274] Liu, Binyi ; Lian, Zefeng ; Brown, Robert D.（2019）. Effect of Landscape Microclimates on Thermal Comfort and Physiological Wellbeing. Sustainability, 11（19）, 5387–. doi : 10.3390/su11195387.

[275] KREIBIG，S. D.：Autonomic nervous system activity in emotion：A review[J]. Biological Psychology，2010，84（3）：394–421.

[276] Zhang H. Human Thermal Sensation and Comfort in Transient and Non-uniform Thermal Environment[D]. USA，Berkeley：University of California，2003.

[277] Nagano K，Takki A，Hirakawa M，et al. Effects of ambient temperature steps on thermal comfort requirements[J]. International Journal of Biometeorology，2005，50（1）：33–9.

[278] 敖顺荣. 瞬变热环境下人体热反应的预测 [D]. 北京：清华大学，1989.

[279] 李畅，于航，焦瑜，等. 温度突变环境下老年人热反应的实验研究 [J]. 建筑热能通风空调，2016，35（2）：1–4，52.

[280] 于连广，端木琳. 温度突变环境下人体平均温度变化及热感觉预测 [J]. 制冷空调与电力机械，2006（1）：8–12，16.

[281] Lenzholzer. S，Koh. J. Immersed in microclimatic space：Microclimate experience and perception of spatial configurations in Dutch squares[J]. Landscape and Urban Planning. 2010，95（1–2）：1–15.

[282] Martinelli. L，Lin. T，Matzarakis A. Assessment of the influence of daily shadings pattern on human thermal comfort and attendance in Rome during summer period[J]. Building and Environment. 2015，92：30–38.

[283] Matzarakis. A，Rutz. F，Mayer. H. Modelling radiation fluxes in simple and complex environments：basics of the RayMan model[J]. INTERNATIONAL JOURNAL OF BIOMETEOROLOGY. 2010，54（2）：131–139.

[284] Nikolopoulou M，Baker N，Steemers K. Thermal comfort in outdoor urban spaces：understanding the human parameter[J]. Solar Energy，2001，70（3）：227–235.

[285] Martinelli. L，Lin. T，Matzarakis A. Assessment of the influence of daily shadings pattern on human thermal comfort and attendance in Rome during summer period[J]. Building and Environment. 2015，92：30–38.

[286] 中国气象局官网. 风力等级划分 [EB/OL]. [2017–07–07]. http：//www.cma.gov.cn/2011xzt/20120816/2012081601/–201208160101/201407/t20140717_252607.html.

[287] Mayer H，Höppe P. Thermal comfort of man in different urban environments[J]. Theoretical and Applied Climatology，1987，38（1）：43–49.

[288] 苏锴，李念平. 寒冷环境下人体热反应特征的研究 [J]. 环境与健康杂志，2009，（02）：104–106.

[289] Lin T P. Thermal perception，adaptation and attendance in a public square in hot and humid regions[J]. Building & Environment，2009，44（10）：2017–72026.

[290] 庞海蓉. 老人的社区环境满意度与社区归属感的关系研究 [D]. 成都：四川师范大学. 2009. P6–10.

[291] 李洪涛. 城市居民的社区满意度及其对社区归属感的影响 [D]. 武汉：华中科技大学，2005.

[292] 李雪铭，冀保程. 社区人居环境满意度研究——以大连市为例 [J]. 城市问题，2008（1）：58–63.

[293] 万科企业股份有限公司. 2013：万科全龄社区养老地产模型研究分析报告 [EB/OL]. [2018–03–04]. http：//www.doc88.com/p-9955961883788.html.

[294] Cohen P, Potchter O, Matzarakis A. Daily and seasonal climatic conditions of green urban open spaces in the Mediterranean climate and their impact on human comfort[J]. Building & Environment, 2012, 51 (7): 285-295.

[295] Mills G, Cleugh H, Emmanuel R, et al. Climate Information for Improved Planning and Management of Mega Cities (Needs Perspective) [J]. Procedia Environmental Sciences, 2010, 1 (1): 228-246.

[296] Lin T P, Tsai K T, Liao C C, et al. Effects of thermal comfort and adaptation on park attendance regarding different shading levels and activity types[J]. Building & Environment, 2013, 59 (3): 599-611.

[297] Yang W, Wong N H, Jusuf S K. Thermal comfort in outdoor urban spaces in Singapore[J]. Building & Environment, 2013, 59 (3): 426-435.

[298] Thorsson S, Honjo T, Lindberg F, et al. Thermal Comfort and Outdoor Activity in Japanese Urban Public Places[J]. Environment and Behavior, 2007, 39 (5): 660-684.

[299] Ali-Toudert F, Mayer H. Numerical study on the effects of aspect ratio and orientation of an urban street canyon on outdoor thermal comfort in hot and dry climate[J]. Building & Environment, 2006, 41 (2): 94-108.

[300] Memon R A, Leung D Y C, Liu C. A review on the generation, determination and mitigation of Urban Heat Island [J]. 环境科学学报（英文版）, 2008, 20 (1): 120.

[301] Hallaab J M. The potential of tree planting to climate-proof high density residential areas in Manchester, UK [J]. Landscape & Urban Planning, 2012, 104 (3): 410-417.

[302] Potchter O, Holst J, Shashua-Bar L, et al. Comparative study of trees impact on human thermal comfort in urban streets under hotarid and temperate climates[C]. International Conference on Biometeorological (BIOMET) 2010. 2010.

[303] Klemm W, Heusinkveld B G, Lenzholzer S, et al. Street greenery and its physical and psychological impact on thermal comfort[J]. Landscape & Urban Planning, 2015, 138: 87-98.

[304] Brown R D, Vanos J, Kenny N, et al. Designing urban parks that ameliorate the effects of climate change[J]. Landscape & Urban Planning, 2015, 138: 118-131.

[305] Laue, H. M. Gefühlte Landschaftsarchitektur: Mölichkeiten der thermischen Einflussnahme in stötischen Freirömen (Sensed landscape architecture: Possible interventions for thermal conditions in urban open space) [M]. GmbH: Kassel University Press. 2009.

[306] Gartland, Lisa (2008). Heat Islands: Understanding and Mitigating Heat in Urban Areas, published by Earthscan, UK[M]. Gartland, L. 2008.

[307] Tony Matthews. Heat islands: understanding and mitigating heat in urban areas[J]. International Journal of Environmental Studies, 2012, 69 (1): 363-364.

[308] 王振. 夏热冬冷地区基于城市微气候的街区层峡气候适应性设计策略研究 [D]. 华中科技大学, 2008.

[309] Brown R D. Book Review: Urban Microclimate: Designing the Spaces Between Buildings[J]. Urban Studies, 2012, 49 (5): 1157-1159.

[310] Erell E, Pearlmutter D, Williamson T. Urban Microclimate[M]. 2010.

[311] Egli, Ernst. Climate and town districts ; consequences and demands : Die neue Stadt in Landschaft und Klima[M]. Verlag fur Architektur, 1951.

[312] Ballard L, Rudofsky B, Ransom H S, et al. Architecture without Architects[J]. Journal of Aesthetics & Art Criticism, 1964, 25（2）: 226.

[313] Sullivan C, Treib M. Garden and climate[J]. 2002.

[314] Stuttgart, A.f.U. Climate booklet for urban development. Baden-Wuerttemberg, Stuttgart : Ministry of Economy. 2008.

[315] 瓦尔德海姆. 景观都市主义 [M]. 北京：中国建筑工业出版社，2011：71.

[316] Duarte D H S, Shinzato P, Gusson C D S, et al. The impact of vegetation on urban microclimate to counterbalance built density in a subtropical changing climate[J]. Urban Climate, 2015, 14 : 224-239.

[317] Buyadi S N A, Wan M N W M, Misni A. Vegetation's Role on Modifying Microclimate of Urban Resident[J]. Procedia-Social and Behavioral Sciences, 2015, 202 : 400-407.

[318] Erell E, Pearlmutter D, Williamson T. Urban Microclimate[J]. Journals, 2011.

[319] 林俊. 上海城市半开敞带小气候要素与空间断面关系测析 [D]. 上海：同济大学 .2015.03.

[320] 国家技术监督局. 城市居住区规划设计标准 [M]. 北京：中国建筑工业出版社，2002.

[321] Doulos L, Santamouris M, Livada I. Passive cooling of outdoor urban spaces. The role of materials[J]. Solar Energy, 2004, 77（2）: 231-249.

[322] Rickaby P, Hawkes D. Reviews : Sun Rhythm Form, Experience of Energy Conservation in Buildings[J]. Environment & Planning B Planning & Design, 1982（2）.

[323] Wang H, Takle E S. On three-dimensionality of shelterbelt structure and its influences on shelter effects[J]. Boundary-Layer Meteorology, 1996, 79（1-2）: 83-105.

[324] Li W, Wang F, Bell S. Simulating the sheltering effects of windbreaks in urban outdoor open space[J]. Journal of Wind Engineering & Industrial Aerodynamics, 2007, 95（7）: 533-549.

[325] Brown R D. Ameliorating the effects of climate change : Modifying microclimates through design[J]. Landscape & Urban Planning, 2011, 100（4）: 372-374.

[326] 柏春. 城市气候设计——城市空间形态气候合理性实现的途径 [M]. 北京：中国建筑工业出版社，2009.

[327] Taha H, Akbari H, Rosenfeld A, et al. Residential cooling loads and the urban heat island—the effects of albedo[J]. Building & Environment, 1988, 23（4）: 271-283.

[328] Brown R D, Gillespie T J. Landscape Design for Microclimate Modification[J]. 1995.

[329] Lindberg, F., Holmer, B., Thorsson, S., SOLWEIG 1.0 : modeling spatial variations of 3D radiant fluxes and mean radiant temperature in complex urban settings[J]. Int. J. Biometeorol. 2008. 54, 131-139.

[330] Wong N H, Jusuf S K, Tan C L. Integrated urban microclimate assessment method as a sustainable urban development and urban design tool[J]. Landscape & Urban Planning, 2011, 100（4）: 386-389.

后 记

　　本项研究开始于 2015 年，正值"风景园林小气候"研究成为国内业界的新前沿。在此之前，对小气候的研究大多集中在建筑室内领域，在室外开放环境下的小气候相关研究成果尚不多见。但经过短短数年，小气候的各项研究如雨后春笋，蓬勃发展，业已成为风景园林学科的主要研究方向。

　　得益于刘滨谊教授领衔的国家自然科学重点基金项目的大力推动，笔者将研究重点聚焦在风景园林小气候物理环境的使用者感受上，并为此展开了定性与定量并重的实验性研究。在缺少文献参考、技术支持、设备短缺、实验人员不足的条件下，经过两年断断续续的季节性测定，笔者初步建立了风景园林小气候感受评价框架，摸索出一套适用于户外景观环境的小气候适宜性设计方法，并在后续的设计项目实践中得到相应的检验。

　　遗憾的是，由于设备与资源的短缺，本书仍存在一定不足。例如缺乏精准测定城市风景园林空间阵风风向的方法，无法发现风景园林微小空间内风向变化的规律；又如生理感受评价的影响因子仅限定于心率变异性，急需人体皮肤温度、心率变异性、新陈代谢率、脑电波、肌电、排汗率、眼动态等人体机能的定量测量描述与交叉研究等。

　　所幸，虽有各种困难，本研究仍得到了各方面的大力支持。在此感谢刘滨谊教授领衔的国家自然科学基金重点项目"城市宜居环境风景园林小气候适应性设计理论和方法研究"为本研究提供的顶尖学术平台。感谢课题组同济大学的张德顺教授、张琳副教授，西安建筑科技大学董芦笛教授、刘晖教授，北京林业大学的匡纬副教授，南京理工大学的王南副教授为本项目提供的无私帮助。也感谢在本书出版过程中，中国建筑工业出版社编辑们给予的密切合作。最后，感谢浙江工业大学和各基金项目为本书提供的经费支持。

　　从研究开始至今历时近 7 年，书中提出的思路、方法难免存在缺漏，部分结论也略有滞后，希望读者批评指正。

梅　
2022 年春